COURS ÉLÉMENTAIRE

DE

COSMOGRAPHIE

PAR

L'ABBÉ J. LEGRAS

Professeur de Sciences au Petit-Séminaire de Reims

Cœli enarrant gloriam Dei,
Et opera manuum ejus annuntiat firmamentum.
Ps. VIII, 2.

REIMS

IMPRIMERIE ET LITHOGRAPHIE MATOT-BRAINE

Henri MATOT, Fils & Success^r

6, Rue du Cadran-Saint-Pierre, 6

1890

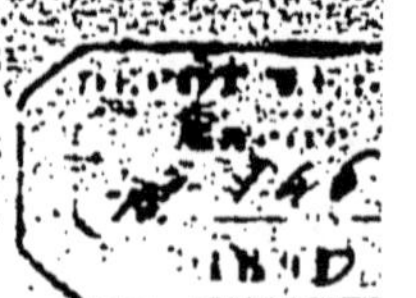

COURS ÉLÉMENTAIRE

DE

COSMOGRAPHIE

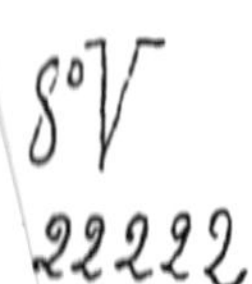

COURS ÉLÉMENTAIRE

DE

COSMOGRAPHIE

PAR

L'ABBÉ J. LEGRAS

Professeur de Sciences au Petit-Séminaire de Reims

Cœli enarrant gloriam Dei,
Et opera manuum ejus annuntiat firmamentum.
Ps. VIII, 2.

REIMS

IMPRIMERIE ET LITHOGRAPHIE MATOT-BRAINE

Henri MATOT, Fils & Success'

6, Rue du Cadran-Saint-Pierre, 6

1890

Livre Premier

La Terre et la Sphère céleste.

Chapitre premier

Notions générales.

1. Limites et isolement de la terre. La terre n'est pas, comme on serait tenté de le croire, un plateau s'étendant indéfiniment en longueur et en largeur ; sa profondeur n'est pas non plus indéfinie. La terre est nécessairement limitée en tout sens, car nul corps ne peut être infini. Elle est isolée dans l'espace ; car, dans quelque direction qu'on en fasse le tour, nulle part on ne rencontre d'appui sur lequel elle repose ; et les astres, le soleil par exemple, semblent passer chaque jour par-dessous elle.

2. Rondeur de la terre. La surface est courbe et convexe. Ce ne sont pas seulement les montagnes et les accidents de terrain qui limitent la vue ; car, s'il en était ainsi, la vue s'étendrait indéfiniment soit des plus hautes montagnes sur la terre, soit du rivage sur la mer. C'est encore et surtout la convexité de la surface terrestre qui borne le champ de la vision ; c'est cette courbure seule, qui en mer, lorsqu'un navire s'éloigne d'un observateur placé en A (Fig. 1), dérobe à sa vue d'abord la coque du navire, puis le milieu des mâts, et enfin le sommet.

A

Fig. 1

3. Forme sphérique de la terre. La terre est à peu près sphérique ; car c'est la forme que prend naturellement une masse quelconque, quand elle s'agglomère librement, comme une goutte de rosée. Aussi, dans les éclipses de lune, quand l'ombre de la terre se projette sur la lune, nous la voyons toujours sous la forme d'un cercle : or il n'y a qu'une sphère qui puisse projeter toujours une ombre circulaire. De plus, en mer, le rayon visuel AC (Fig. 2), qui va de l'œil de l'observateur à l'horizon, fait avec la verticale AB un angle α qui est partout le même pour une même hauteur AB, quel que soit le point C de l'horizon qui soit visé. L'horizon, c'est-à-dire la courbe CDEF, qui limite le champ de la vision, est donc partout la ligne de tangence d'un cône circulaire à la terre : Or il n'y a que la sphère à laquelle on puisse circonscrire un cône circulaire, quel que soit le point de l'espace pris pour sommet du cône.

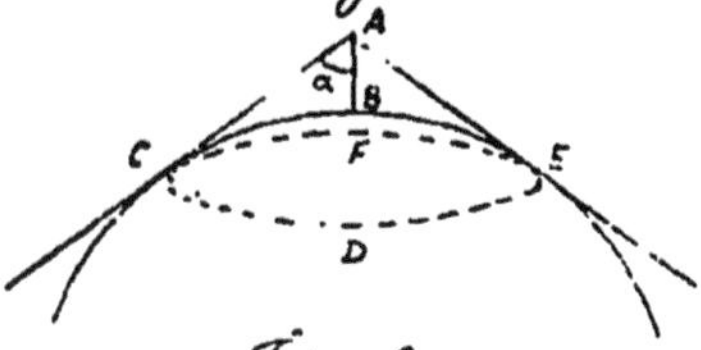

Fig. 2.

Les inégalités de la surface terrestre n'empêchent pas notre globe d'être sensiblement sphérique. La surface de la mer est sphérique, nous venons de le voir ; sur le continent le niveau des plaines n'est que la continuation du niveau de la mer, qui irait en s'élevant par une pente insensible ; les hauts plateaux sont plus élevés, mais ils doivent affecter la même forme que les plaines ; les montagnes nous paraissent des irrégularités considérables, mais en réalité ce sont des aspérités négligeables relativement aux dimensions de la terre ; la plus haute montagne n'a pas 9000 mètres, ce n'est pas la 700e partie du rayon de la terre ; sur un globe de 70 centimètres de diamètre elle serait représentée par une bosse d'un demi-millimètre.

4. L'atmosphère. La terre est entourée d'une couche d'air, qu'on appelle l'atmosphère, et dont nous aurons souvent à tenir compte. Son poids, mesuré par le baromètre, est égal

au poids d'une colonne de mercure de 76 centimètres de hauteur. Si sa densité était partout égale à celle qu'elle a à la surface de la terre, il résulterait de ce poids que sa hauteur serait de 7 à 8 km; mais la densité des couches d'air étant d'autant plus faible que les couches sont plus élevées, sa hauteur doit être beaucoup plus grande. Pendant longtemps on a admis qu'elle est d'une soixantaine de km.; mais des observations récentes sur le crépuscule et les étoiles filantes font croire qu'il y a encore un peu d'air à 300 km de hauteur.

C'est l'atmosphère qui forme cette voûte bleue, surbaissée, appelée le ciel, qui semble reposer sur l'horizon et recouvrir la terre, et sur laquelle les astres semblent fixés. Pendant le jour elle est vivement éclairée par le soleil, et son éclat nous masque les étoiles. Elle absorbe et éteint une partie considérable des rayons lumineux et calorifiques émis par les astres, surtout quand les astres sont près de l'horizon.

5. <u>La sphère céleste</u>. La sphère céleste est une sphère fictive, au moyen de laquelle on détermine la position et la marche des astres. Elle a pour centre le centre de la terre, et on lui donne un rayon immense. Tous les astres se projettent dessus en perspective; et chaque astre est censé occuper le lieu où le rayon visuel qui va à l'astre, rencontre la sphère. On représente ensuite cette sphère idéale par des sphères matérielles, sur lesquelles on note la position des astres.

Quel que soit le point de la terre d'où l'on observe les astres, leurs positions sur la sphère sont toujours les mêmes: c'est que les dimensions de la terre ne sont rien en comparaison de la distance des étoiles, et on peut donner pour centre à la sphère n'importe quel point de la terre.

Les anciens croyaient à la réalité de cette sphère, et ils y croyaient les étoiles attachées. Depuis plusieurs siècles on sait que cette sphère n'existe pas; mais on en a conservé la fiction, parce qu'elle est assez conforme aux apparences, et qu'elle facilite certains calculs et l'exposé de certaines théories.

6. Définitions relatives à la terre et à la sphère. La verticale, en un point quelconque de la terre, est une droite dirigée selon l'action de la pesanteur : elle est donnée par le fil à plomb. On démontre en hydrostatique qu'un liquide non pressé ne peut être en équilibre, que si sa surface est normale à la direction de la pesanteur : la verticale est donc normale à la surface d'une eau tranquille, normale à la surface terrestre, abstraction faite des inégalités de celle-ci. Si l'on suppose la terre parfaitement sphérique, cette normale à la surface est un rayon, la verticale passe par le centre de la terre.

On appelle zénith le point où la verticale, prolongée au-dessus de nos têtes, va percer la sphère céleste. C'est le point Z pour le lieu O, dont la verticale est OZ (Fig. 3). Dans cette figure, qui représente la sphère, on suppose toute la terre condensée en un seul point O.

Le nadir est le point de la sphère diamétralement opposé au zénith, le point N pour le lieu O.

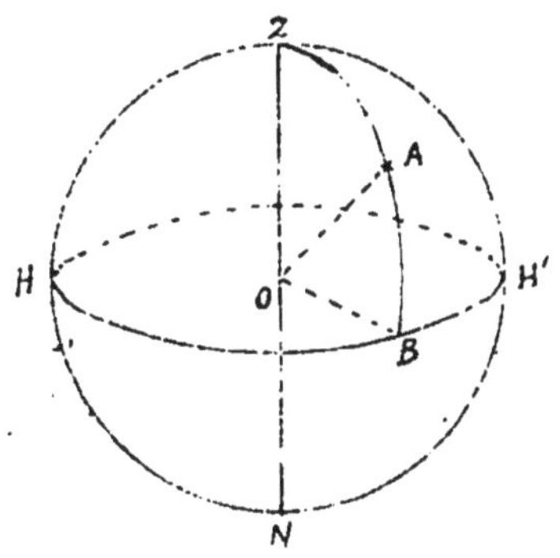

Fig. 3.

L'horizon, tel que nous l'avons défini plus haut (3), la courbe qui limite le champ de la vision sur terre, du mot grec ὁρίζω, borner, s'appelle en astronomie l'horizon sensible, par opposition à l'horizon rationnel. Celui-ci, pour un lieu A pris à la surface de la terre (Fig. 4), est un plan indéfini perpendiculaire à la verticale du lieu, et passant par ce lieu, tangent par conséquent à la surface terrestre en ce lieu : la ligne HH' serait une ligne de ce plan. Ou bien encore c'est un grand cercle de la sphère perpendiculaire à la verticale du lieu, le cercle HH' pour le lieu O dans la figure 3. Ces deux plans, qui sont parallèles, et distants seulement d'un rayon

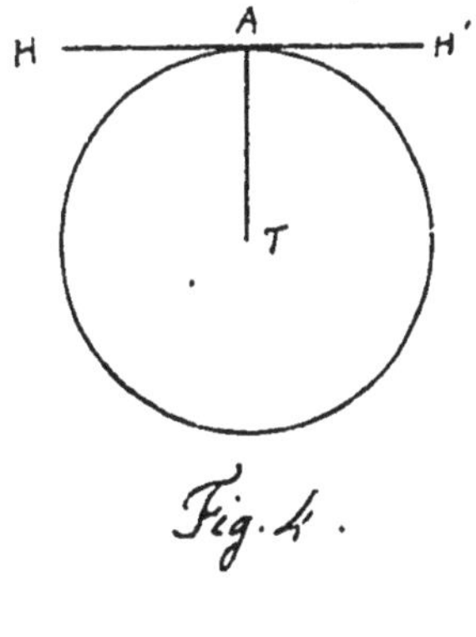

H A H'
T

Fig. 4.

terrestre, peuvent être considérés comme n'en faisant qu'un par rapport aux étoiles. En astronomie, quand on dit simplement l'horizon, c'est ordinairement de l'horizon rationnel qu'on veut parler.

On appelle sud la partie de l'horizon qu'on a devant soi, lorsque dans nos contrées on regarde le soleil à midi; nord, la partie qu'on a derrière soi; est ou orient, celle qu'on a à sa gauche; ouest ou occident, celle qu'on a à sa droite. Les quatre régions s'appellent les quatre points cardinaux.

On appelle vertical d'un astre le plan mené par la verticale de l'observateur et par l'astre: c'est le plan OZB pour l'astre A (Fig 3).

On appelle hauteur d'un astre au-dessus de l'horizon l'angle formé avec l'horizon du lieu par le rayon visuel qui va de l'observateur à l'astre: c'est l'angle AOB pour l'astre A (Fig. 3). Cet angle a pour mesure l'arc du vertical de l'astre compris entre l'astre et l'horizon, c'est-à-dire l'arc AB.

La distance zénithale d'un astre est l'angle formé avec la verticale par le rayon visuel qui va à l'astre: pour l'astre A (Fig. 3), c'est l'angle ZOA, mesuré par l'arc ZA. La distance zénithale est le complément de la hauteur.

On appelle diamètre apparent d'un astre, du soleil, par exemple, l'angle formé par les deux rayons visuels qui vont de l'observateur aux deux extrémités d'un diamètre du cercle lumineux que l'astre nous présente.

On appelle distance angulaire de deux astres l'angle formé par les deux rayons visuels qui vont de l'observateur aux deux astres, ou aux centres des deux astres, si les astres ont un diamètre apparent appréciable.

7. Théodolite. Le théodolite étant un instrument de précision très employé en astronomie pour la mesure des angles, il convient d'en donner ici la description.

Il se compose essentiellement de deux cercles gradués et d'une lunette (Fig. 5). L'un des cercles, AB, est horizontal: l'autre, CD,

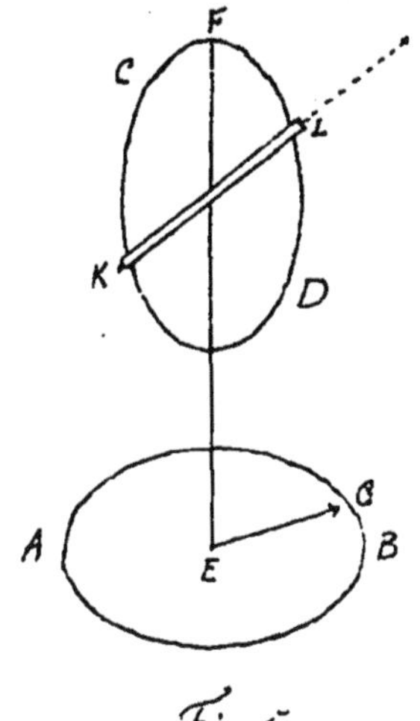

Fig. 5

est vertical, et tourne librement autour d'un axe vertical EF, planté au centre du cercle horizontal ; il entraîne dans son mouvement de rotation une aiguille EG, mobile sur le cercle horizontal, et qui indique de quel angle le cercle vertical a tourné. Le long du cercle vertical, et dans un plan parallèle, se meut autour du centre une lunette KL, adaptée de telle sorte qu'on puisse lire à chaque instant l'angle formé par l'axe optique de la lunette avec le diamètre horizontal ou le diamètre vertical du cercle CD.

L'axe optique de la lunette est déterminé d'une manière précise par le point de croisement de deux fils fins tendus dans la lunette au foyer principal de l'objectif ; quand on vise un objet, il faut toujours amener l'objet visé derrière ce point de croisement.

Un des usages du théodolite est de mesurer la hauteur des astres.

8. Mesure de la hauteur d'un astre. Quand on veut mesurer la hauteur d'un astre, il faut, en faisant tourner le cercle vertical autour de l'axe EF, et la lunette autour du centre, amener la lunette dans une position telle que l'astre se trouve exactement sur l'axe optique de la lunette. Alors le cercle vertical du théodolite coïncide avec le vertical de l'astre, et l'angle que fait la lunette avec le diamètre horizontal du cercle vertical CD, mesure la hauteur de l'astre au-dessus de l'horizon : le complément de cet angle mesure sa distance zénithale.

9. Correction de la réfraction. A la hauteur donnée par le théodolite il faut faire une correction à cause de la réfraction atmosphérique. On explique en Physique comment un rayon lumineux qui traverse obliquement l'atmosphère, est réfracté ou dévié, de telle sorte que l'astre d'où il émane paraît plus rapproché du zénith qu'il ne l'est réellement. La

réfraction relève d'autant plus un astre qu'il est plus près de l'horizon : à l'horizon même elle le relève de 33'47" c'est le maximum ; au zénith les rayons lumineux, traversant les couches d'air selon la normale, ne sont pas réfractés. On a dressé des tables indiquant de combien il faut diminuer les hauteurs observées, pour avoir les hauteurs vraies.

Chapitre second
Étoiles et constellations

---

10. Les étoiles. Les étoiles sont ces points brillants qu'on voit étinceler au ciel pendant la nuit. Elles conservent toujours à peu près les mêmes positions relatives, car l'aspect du ciel n'a pas changé sensiblement depuis 2000 ans. Ce n'est que dans ces derniers temps que, grâce à des mesures très précises, on a pu constater de très faibles et très lentes variations dans leurs distances angulaires.

Il y a cependant quelques points brillants qui se déplacent à travers les étoiles : ceux-là, on les appelle des planètes ; ils forment une classe particulière d'astres, dont nous nous occuperons au IVe livre.

11. Division des étoiles d'après leur grandeur. Les étoiles ont été réparties d'après leur éclat en plusieurs classes : on dit qu'elles sont de première grandeur, de deuxième grandeur, et ainsi de suite : d'une classe à l'autre l'éclat diminue dans le rapport de 5 à 2. Les étoiles de sixième grandeur sont les plus petites qu'on puisse voir à l'œil nu. Ici le mot grandeur ne se rapporte qu'à l'éclat des étoiles tel qu'il paraît à nos yeux, et non à leur éclat intrinsèque ou à leurs dimensions réelles : une étoile que nous appelons de troisième grandeur peut être plus grosse et plus brillante en soi qu'une de première : il suffit pour cela qu'elle soit beaucoup plus éloignée de nous.

12. Distribution des étoiles en constellations. Les étoiles visibles à l'œil nu paraissent en général distribuées sur la sphère comme au hasard ; cependant on peut distinguer certains groupes bien délimités, formés par quelques-unes des plus brillantes ; d'autres groupes ont été composés arbitrairement par les astronomes ; les uns et les autres s'appellent des constellations.

Chaque constellation a son nom particulier, généralement un nom d'animal ou de personnage mythologique, qui lui a été donné par les Grecs. Dans chaque constellation les étoiles sont désignées sur les cartes et les sphères par les lettres de l'alphabet grec, en commençant par les étoiles les plus brillantes, puis par les lettres de notre alphabet, et enfin par des numéros d'ordre. De plus, presque toutes celles de première grandeur ont un nom propre, souvent d'origine arabe.

Pour apprendre à reconnaître dans le ciel les constellations et les étoiles, il faut étudier le ciel même pendant la nuit, en le comparant à une carte du ciel ou à une sphère, ou avec l'aide d'une personne qui vous désigne par son nom chaque constellation et chaque étoile remarquable. Nous nous bornerons donc ici à quelques indications.

Fig. 6. Constellations circompolaires.

13. Principales constellations. En tout temps nous pouvons voir la nuit, dans la partie nord du ciel, la Grande Ourse et la Petite Ourse, avec le Dragon qui déroule sa queue entre l'une et l'autre (Fig. 6). Ces trois constellations, avec Céphée, Cassiopée et Persée, sont dites circompolaires, parce qu'elles entourent le pôle nord du ciel de façon à rester toujours au-dessus de notre horizon.

Céphée, Cassiopée et Persée forment, avec Andromède et Pégase, (Fig. 7). un groupe auquel se rattache une fable de la mythologie grecque.

Fig. 7. Groupe mythologique.

Dans la région du ciel comprise entre Pégase et Arcturus, région qui passe chaque jour à notre zénith ou à peu près, on trouve le Cygne, l'Aigle, la Lyre, Hercule, la Couronne boréale (Fig. 8).

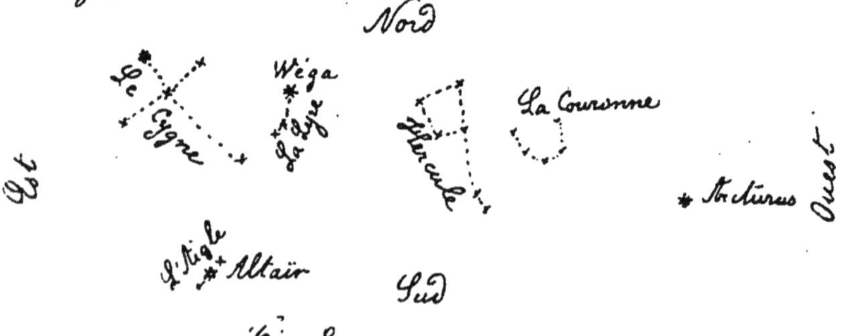

Fig. 8.

Plus au sud, dans une bande qui fait le tour du ciel, et qu'on appelle le zodiaque, il y a douze constellations, rangées dans cet ordre en allant de l'ouest à l'est : le Bélier, le Taureau, les Gémeaux, le Cancer, le Lion, la Vierge, la Balance, le Scorpion, le Sagittaire, le Capricorne, le Verseau, et les Poissons. Le poète Ausone a réuni ces noms dans deux vers latins qu'il est utile de savoir.

Sunt Aries, Taurus, Gemini, Cancer, Leo, Virgo,
Libraque, Scorpius, Arcitenens, Caper, Amphora, Pisces.

Au sud du Taureau et des Gémeaux brillent Orion, et les étoiles Sirius et Procyon. La réunion de huit étoiles de première grandeur font de cette région la plus belle partie du ciel (Fig. 9).

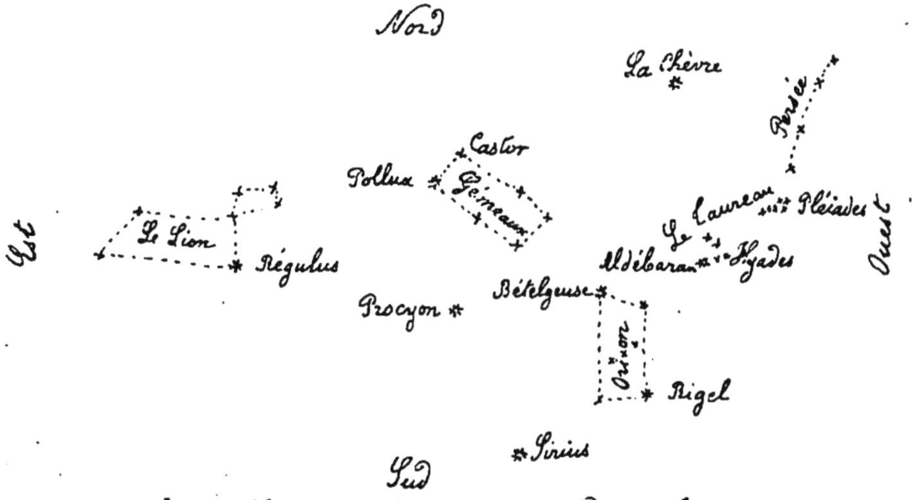

Fig. 9. La plus belle région du ciel.

Il y a une autre bande remarquable qui fait le tour du ciel en allant à peu près du nord au sud ; c'est une traînée lumineuse d'un éclat faible, mais continu, d'une largeur inégale, à bords mal définis, se bifurquant en deux branches parallèles dans la région du sud : on l'appelle la Voie lactée.

14. Principales étoiles. Voici enfin les plus brillantes des étoiles visibles à Paris, avec les constellations dont elles font partie.

Sirius	du Grand Chien.	La Chèvre	du Cocher.
Arcturus	du Bouvier.	Wéga	de la Lyre.
Rigel	d'Orion.	Procyon	du Petit Chien,

Bételgeuse	d'Orion.	l'Epi	de la Vierge.
Aldébaran	du Taureau.	Régulus	du Lion.
Antarès	du Scorpion.	Pollux	des Gémeaux.
Altaïr	de l'Aigle.	Fomalhaut	du Poisson austral.

Chapitre troisième.
Le mouvement diurne.

15. Idée générale du mouvement diurne. Tout le monde sait que le soleil apparaît le matin à l'horizon dans la région est, monte à une hauteur plus ou moins grande dans le ciel, et redescend pour disparaître le soir à l'horizon dans la région ouest, décrivant ainsi au-dessus de nos têtes une courbe de l'est à l'ouest. Chacun a remarqué que la lune exécute chaque jour un mouvement semblable. Si l'on observe les étoiles en particulier, on verra que la plupart aussi apparaissent à l'est, montent dans le ciel, redescendent pour disparaître à l'ouest, et reparaître le lendemain à l'est, au même point de l'horizon, à peu près à la même heure. Cependant dans nos contrées, il y a un certain nombre d'étoiles vers le nord qui sont toujours visibles pour nous, et qui semblent décrire dans le ciel des courbes autour d'un point immobile, qu'on appelle pôle, le pôle nord. Ce sont les étoiles dites circompolaires (13), ou étoiles de perpétuelle apparition. Toute la sphère céleste paraît donc entraînée par un mouvement de rotation de l'est à l'ouest, autour d'un axe qui aboutit au pôle. C'est ce qu'on appelle le mouvement diurne, parce qu'une révolution complète dure environ un jour. Nous allons l'étudier d'une manière plus précise.

16. Le plan méridien. Il y a pour chaque lieu de la terre un plan vertical, appelé plan méridien, qui divise en deux parties symétriques la courbe décrite par toutes les étoiles au-dessus de l'horizon.

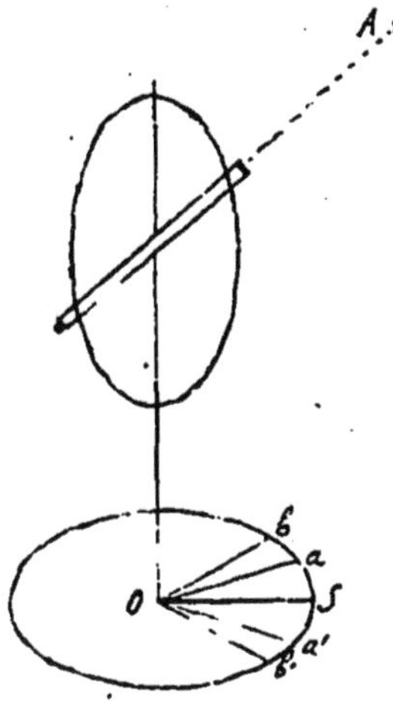

Fig. 10.

En effet, à l'aide du théodolite (Fig. 10), nous observons une étoile A dans la première moitié de sa course, à un moment quelconque ; nous notons sur le cercle horizontal de l'instrument la trace Oa du plan vertical de l'étoile à ce moment ; et, fixant la lunette sur le cercle vertical, de manière qu'elle fasse toujours le même angle avec l'horizon, nous attendons que l'étoile soit redescendue dans la seconde moitié de sa course à peu près à la même hauteur ; alors, faisant tourner le cercle vertical, nous la guettons jusqu'à ce qu'elle arrive à passer par l'axe optique de la lunette ; nous notons la trace Oa' du nouveau plan vertical qui la contient alors ; et nous menons la bissectrice OS de l'angle formé par les deux traces. Si nous recommençons les mêmes opérations sur la même étoile à une hauteur différente, ou sur d'autres étoiles à des hauteurs quelconques, nous obtiendrons d'autres traces, comme Ob et Ob', mais la bissectrice sera toujours la même. Si par cette bissectrice OS nous menons par la pensée un plan vertical, à chaque hauteur d'une étoile à l'est de ce plan correspond une hauteur égale à l'ouest, et à la même distance : c'est ce qu'on exprime en disant que ce plan partage en deux parties symétriques la courbe décrite par les étoiles au-dessus de l'horizon.

Ce plan contient nécessairement le point de culmination de chaque astre, c'est-à-dire, le point le plus élevé auquel l'astre arrive dans son mouvement diurne. Il s'appelle le plan méridien, parce que le soleil s'y trouve à midi ; et la trace de ce plan sur la surface de la terre s'appelle la méridienne.

Nous pouvons maintenant donner une définition plus précise des points cardinaux (6). Le sud et le nord sont les deux points où le méridien coupe la circonférence de l'horizon ; l'est et l'ouest sont les deux points où une droite perpendiculaire au méridien coupe la circonférence de l'horizon.

17. La ligne des pôles. Les étoiles passent deux fois par jour au méridien : il y a le passage supérieur et le passage inférieur. Or il y a dans le plan méridien une ligne, appelée ligne des pôles, par rapport à laquelle sont symétriques les deux passages de chaque étoile au méridien.

Nous pouvons le constater en observant les étoiles circompolaires, dont les deux passages se font au-dessus de notre horizon. Après avoir fixé le cercle vertical du théodolite dans le plan méridien, nous observons une étoile circompolaire à son passage supérieur et nous notons la direction du rayon visuel, convenablement rabaissée pour corriger la réfraction ; nous faisons de même au passage inférieur, et nous menons la bissectrice de l'angle formé par les deux rayons visuels. Si nous recommençons sur d'autres étoiles circompolaires, nous constatons que la bissectrice est toujours la même. Cette bissectrice est donc également distante des deux positions de chaque étoile lors de ses passages au méridien : c'est un axe de symétrie pour ces deux passages. On l'appelle la ligne des pôles ; les deux points où cette ligne va percer la sphère, sont les deux pôles célestes, le pôle nord au-dessus de notre horizon, le pôle sud au-dessous.

Le pôle nord n'est marqué dans le ciel par aucune étoile ; l'étoile la plus voisine, du moins parmi celles qui ont quelque éclat, est la dernière de la Petite Ourse, appelée pour cela Étoile polaire : elle est à 1°20' environ du Pôle (Fig. 6).

Comme deux droites qui se coupent déterminent un plan, en chaque lieu le plan méridien est déterminé par la verticale et la ligne des pôles.

18. La ligne des pôles, axe du monde. C'est autour de la ligne des pôles ainsi déterminée que tourne la sphère.

Pour le démontrer, on emploie un instrument appelé machine parallatique ou équatorial (Fig. 11). C'est un théodolite dont l'axe, au lieu d'être vertical, est parallèle à la ligne

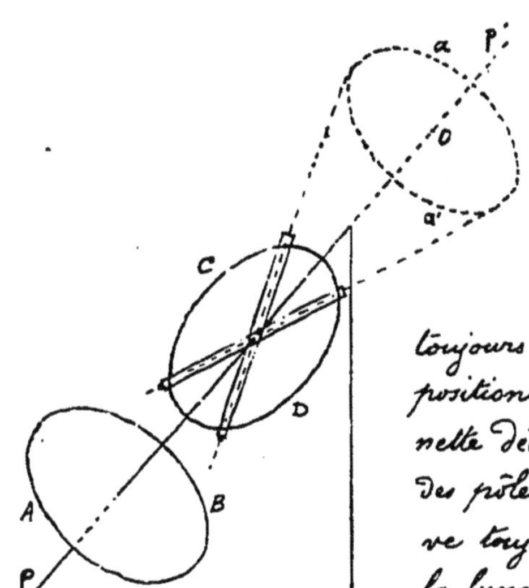

Fig. 11.

des pôles. On dirige la lunette sur une étoile, et on constate que, pour suivre le mouvement de l'étoile, il suffit de faire tourner le cercle mobile CD autour de l'axe PP', en laissant toujours la lunette dans la même position sur ce cercle mobile. La lunette décrit un cône dont la ligne des pôles est l'axe, et l'étoile se trouve toujours sur le prolongement de la lunette : l'étoile décrit donc la circonférence de la base d'un cône dont la ligne des pôles est l'axe, c'est-à-dire, elle décrit dans un plan perpendiculaire à la ligne des pôles une circonférence aa', dont le centre O est sur cette ligne. C'est précisément ce qu'on veut dire, quand on dit qu'un point donné tourne autour d'un axe.

Cette ligne des pôles, axe du monde, telle que nous l'avons obtenue (17), passe par notre œil, et en quelque lieu de la terre qu'on veuille ainsi déterminer la ligne des pôles, elle semble toujours passer par l'œil de l'observateur. Toutes ces lignes ne sont donc que des parallèles à la vraie ligne des pôles ; et si elles peuvent toutes être prises pour l'axe du monde, c'est que les dimensions de la terre sont infiniment petites par rapport aux distances des étoiles.

On suppose que la vraie ligne des pôles passe par le centre de la terre, et les points où elle perce la surface de notre globe, sont les deux pôles terrestres : il y a le pôle boréal et le pôle austral.

La ligne des pôles va percer la sphère céleste toujours aux mêmes points, du moins à ne considérer qu'une période de quelques années : on en conclut que l'axe du monde reste fixe dans l'espace, ou s'il se déplace, il se déplace parallèlement à lui-même, et dans des limites infiniment petites par rapport aux distances des étoiles.

19. Jour sidéral. La durée de la rotation de la sphère est

constante. En effet, si nous observons plusieurs fois de suite le passage supérieur d'une étoile quelconque au méridien, nous constatons qu'entre deux passages consécutifs d'une même étoile, il s'écoule toujours le même temps, 23 h. 56 m. 4 s,09 de nos horloges.

Ce temps qui mesure la durée de la révolution de la sphère, s'appelle le jour sidéral. On peut définir le jour sidéral le temps qui s'écoule entre deux passages consécutifs d'une même étoile au méridien. On l'a divisé comme le jour ordinaire en 24 heures, l'heure en 60 minutes, et la minute en 60 secondes : l'origine de ce jour est l'instant où passe au méridien le point équinoxial de printemps : (nous dirons plus loin ce qu'est ce point) : les heures se comptent de 0 à 24. On appelle temps sidéral le temps exprimé au moyen du jour sidéral et de ses divisions. Il y a dans les observatoires des horloges qui marquent le temps sidéral.

De ce que le jour sidéral est plus court de 4 minutes environ que le jour solaire, il résulte que si l'on se règle sur l'heure ordinaire, une étoile se lève chaque jour 4 minutes plus tôt que la veille : par conséquent l'aspect du ciel à telle heure du soir change peu à peu dans le cours de l'année ; le ciel des nuits d'hiver est autre que celui des nuits d'été.

20. <u>Uniformité du mouvement de la sphère</u>. Le mouvement de rotation de la sphère autour de son axe est parfaitement uniforme, c'est-à-dire qu'un point quelconque de la sphère décrit toujours des arcs égaux en des temps égaux. En effet, si à la machine parallatique (Fig. 11) on adapte un mouvement d'horlogerie, pour faire tourner le cercle mobile CD autour de son axe dans le même sens que la sphère en un jour sidéral et d'un mouvement uniforme, et qu'on dirige la lunette sur une étoile, on n'a plus qu'à abandonner la machine à elle-même : l'étoile reste constamment dans le champ de la lunette. Le mouvement de rotation de l'étoile et de la sphère est donc uniforme comme celui de la machine.

En résumé, le mouvement diurne peut se formuler ainsi : La sphère tourne tout d'une pièce autour de la ligne des pôles, de l'est à l'ouest, d'un mouvement uniforme, de manière à accomplir une révolution entière en 23 h. 56 m. 4 s, 09.

21. <u>Détermination de la méridienne sans théodolite</u>. On peut sans théodolite déterminer la méridienne avec une approximation qui suffit en beaucoup de cas.

Chaque jour l'étoile polaire décrit un très petit cercle autour du pôle, et passe deux fois au méridien : l'un au moins de ces passages se fait la nuit, excepté à l'époque des plus courtes nuits d'été, et peut facilement s'observer. On trouve dans l'Annuaire du Bureau des Longitudes l'heure exacte de ces passages. On dispose deux fils à plomb à la distance d'un mètre dans la direction présumée du méridien, de telle sorte qu'un des fils soit fixe, et que l'autre puisse se déplacer dans le sens de l'est à l'ouest. A l'heure indiquée pour le passage de l'étoile polaire, on place le fil mobile de telle sorte que l'alignement des deux fils passe par l'étoile : cet alignement est la méridienne. Une erreur de quelques minutes dans l'heure ne changerait pas sensiblement la direction.

22. <u>Hauteur du pôle au-dessus de l'horizon</u>. On appelle hauteur du pôle au-dessus de l'horizon l'angle formé par la ligne des pôles avec l'horizon. En un lieu donné la hauteur du pôle est la moyenne entre les deux hauteurs d'une étoile circompolaire lors de ses deux passages au méridien.

En effet, soit PHP'H (Fig. 12) la section de la sphère par le méridien du lieu O ; soit HH' l'intersection de l'horizon de ce lieu par son méridien, soit PP' la ligne des pôles. La hauteur du pôle, pour le lieu O est par définition l'angle HOP, mesuré par l'arc HP. Soit une étoile circompolaire passant au méridien en A et A' : ses deux hauteurs ont pour mesure les arcs HA et HA', c'est-à-dire HP + PA et HP − PA' ; or PA = PA' (17). Donc l'arc HP est une moyenne entre les

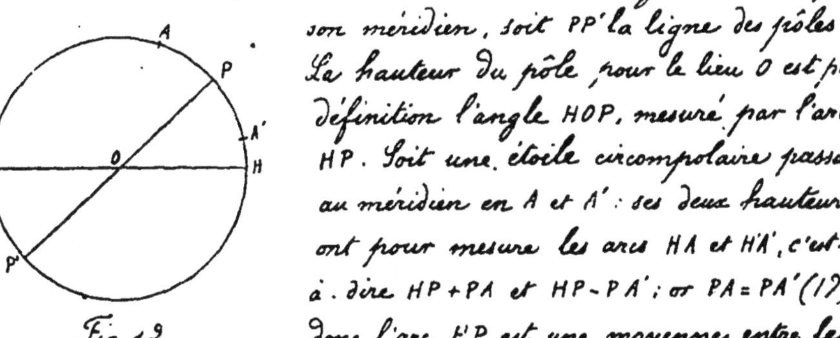

Fig. 12.

arcs HA et HA', la hauteur du pôle est moyenne entre les deux hauteurs de l'étoile. C.Q.F.D.

Donc, pour déterminer la hauteur du pôle en un lieu donné, il suffit de mesurer les deux hauteurs d'une étoile circompolaire à ses deux passages au méridien, et de prendre la moyenne.

Nous démontrerons plus loin que la hauteur du pôle en un lieu donné est égale à la latitude du lieu. Si donc on connaît par des cartes de géographie ou par des tableaux statistiques la latitude du lieu, on n'a qu'à prendre cette valeur, sans faire aucune observation astronomique.

Chapitre quatrième.
Coordonnées célestes et terrestres.

---

23. Coordonnées en général. On appelle coordonnées d'un point un système de lignes choisies de telle sorte qu'elles déterminent la position de ce point. En astronomie, ces lignes ne peuvent être que des arcs de cercle, exprimés en degrés : on peut donc les remplacer par des angles.

24. Cercles de la sphère. On appelle cercles de déclinaison, ou cercles horaires, des grands cercles de la sphère passant par la ligne des pôles, comme PEP'E', PAP'B (Fig. 13)

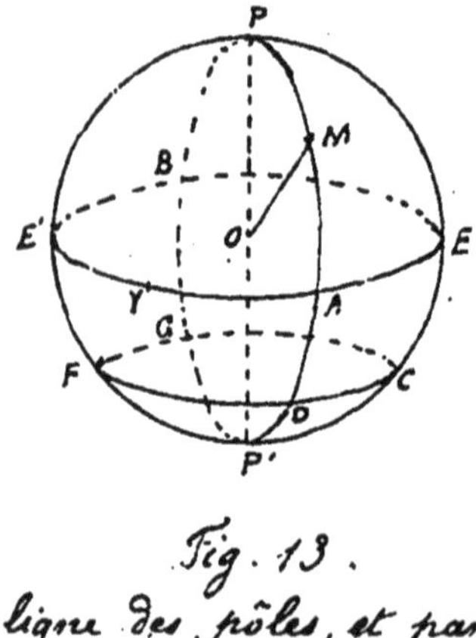

L'équateur est un grand cercle de la sphère, EAE'B, perpendiculaire à la ligne des pôles.

On appelle cercles parallèles, ou simplement parallèles, des petits cercles, comme CDFG, perpendiculaires à la ligne des pôles, et par conséquent parallèles à l'équateur.

Fig. 13.

25. Ascension droite et déclinaison. L'ascension droite

d'un astre, représentée par ce signe R, est l'arc d'équateur compris entre un point de l'équateur adopté pour origine et le cercle de déclinaison de l'astre. On est convenu de prendre pour origine le point équinoxial de printemps. Cet arc se compte de 0° à 360° de l'ouest à l'est. Soit un astre M (Fig. 13), situé sur le cercle de déclinaison PMAP' : si le point γ est le point origine, l'ascension droite de l'astre M est l'arc γA.

La déclinaison d'un astre (±D) est l'arc du cercle de déclinaison de l'astre compris entre cet astre et l'équateur ; elle se compte dans deux sens, depuis l'équateur jusqu'aux deux pôles, de 0° à 90° ; il y a donc la déclinaison boréale et la déclinaison australe ; la première est regardée comme positive, la seconde comme négative. La déclinaison de l'astre M (Fig. 13) est l'arc AM.

26. Détermination de l'ascension droite, lunette méridienne. Pour déterminer l'ascension droite d'un astre, on profite de l'uniformité du mouvement de la sphère. La sphère tournant de 360° en 24 heures sidérales, de 15° en 1 heure, de 15' en 1 minute, de 15" en 1 seconde, si une étoile M passe au méridien d'un lieu 3 h. 4 m. 20 s. après le point équinoxial de printemps, c'est que l'arc γA (Fig. 13) est égal à 15 fois 3° 4' 20". L'opération se réduit donc à noter l'heure sidérale (19) du passage au méridien de l'astre en question.

Pour déterminer l'instant du passage des astres au méridien, on peut se servir du théodolite ; mais dans les observatoires on a pour cet usage un instrument plus précis, appelé lunette méridienne. Cette lunette, de grandes dimensions, (Fig. 14), est mobile autour d'un axe qui repose sur deux piliers, et qui, au moyen de deux vis de rappel, se place dans une position exactement horizontale et perpendiculaire au méridien, de sorte que la lunette elle-même se meuve dans le plan méridien. Pour plus de précision, dans le tube de la lunette, sont tendus verticalement 5 fils très fins, également espacés ; le fil du milieu avec le centre optique de l'objectif détermine l'axe optique de la lunette qui doit se trouver dans le plan méridien.

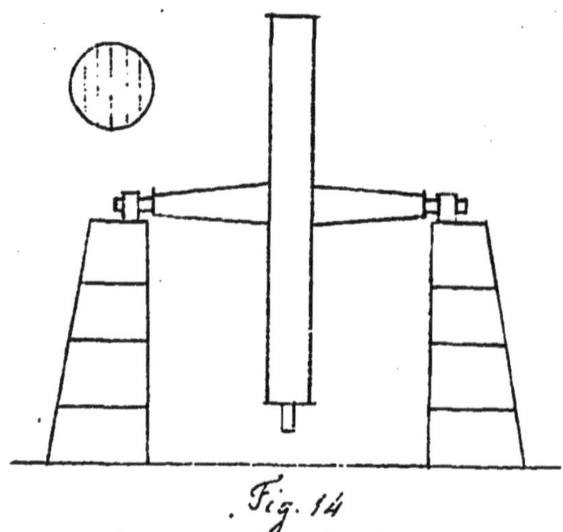

Fig. 14

A la lunette est annexée une horloge sidérale.

L'observateur note, à un dixième de seconde près, l'heure du passage de l'astre derrière chacun des cinq fils ; puis il prend la moyenne de ces heures, et cette moyenne est regardée comme l'heure exacte du passage de l'astre au méridien. En multipliant cette heure-là par 15, on a, en degrés, minutes et secondes, l'ascension droite de l'astre.

27. Détermination de la déclinaison ; cercle mural. Pour déterminer la déclinaison d'un astre, on s'appuie sur ce théorème : La déclinaison d'un astre est égale à la hauteur du pôle au-dessus de l'horizon du lieu de l'observation, plus ou moins, selon les cas, la distance zénithale de l'astre, quand il passe au méridien.

Soit le cercle O une section de la sphère par le méridien du lieu dont la verticale est OZ (Fig. 15) ; soient PP' la ligne des pôles, EE' l'intersection de l'équateur par le méridien, HH' l'intersection de l'horizon.

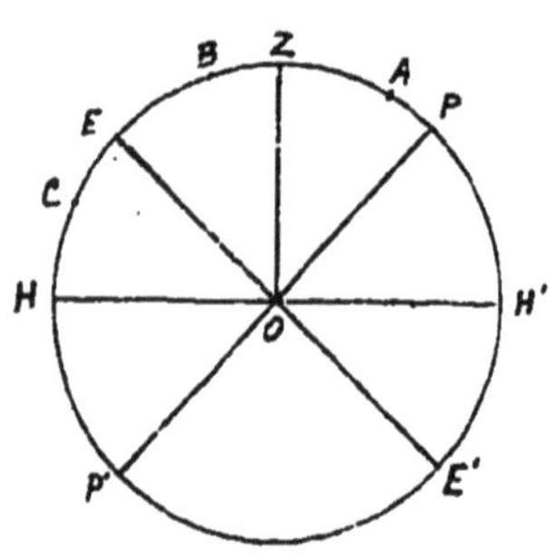

Fig. 15

Soit un astre A compris entre le pôle et le zénith à son passage supérieur au méridien. Sa déclinaison est $EA = EZ + AZ$. Mais les arcs EZ et PH' sont égaux comme complémentaires du même arc ZP. Nous avons donc EA ou $D = PH' + AZ$.

Soit ensuite un astre B compris entre le zénith et l'équateur. Sa déclinaison est $EB = EZ - BZ$. Pour lui on a $D = PH' - BZ$.

Soit enfin un astre C compris entre l'équateur et l'horizon. Sa déclinaison est australe ; c'est $-EC = -(CZ - EZ) = EZ - CZ$. Pour lui on a $-D = PH' - CZ$.

Le théorème est donc démontré pour tous les cas.

La hauteur du pôle au-dessus de l'horizon de l'observatoire se détermine une fois pour toutes ; il ne reste plus qu'à déterminer la distance zénithale de chaque astre, lors de son passage au méridien.

On se sert pour cela d'un cercle mural, grand cercle gradué, appliqué contre un mur dans le plan méridien ; au centre est adaptée une lunette, qui tourne sur le cercle autour du centre, et dans la lunette est tendu un fil horizontal qui précise la ligne de visée. Lorsque l'étoile passe au méridien, on dirige la lunette de manière que l'étoile se trouve derrière le fil horizontal, et on lit sur le cercle gradué l'angle formé par l'axe de la lunette avec la verticale : cet angle, corrigé de la réfraction, est la distance zénithale de l'astre.

28. <u>Cercles terrestres</u>. Pour établir des coordonnées terrestres ou géographiques, on a tracé sur la terre supposée sphérique des cercles analogues aux cercles célestes.

Les méridiens sont des grands cercles de la terre passant par la ligne des pôles. En supposant que la figure 13 représente la terre, les cercles PEP'E', PAP'B sont des méridiens.

Cette définition s'accorde avec celle que nous avons donnée du plan méridien d'un lieu (16). Car le plan méridien du lieu M par exemple (Fig. 13), passant par la verticale MO et la ligne des pôles PP' (17), coupe la terre selon le cercle PAP'B. Ce cercle coïncide donc avec les plans méridiens de tous les lieux situés sur la circonférence du cercle.

L'équateur est un grand cercle perpendiculaire à la ligne des pôles : c'est le cercle EAE'B.

Les parallèles sont des petits cercles parallèles à l'équateur, comme le cercle CDFG.

Ces cercles permettent de déterminer la position d'un lieu sur terre.

29. <u>Coordonnées terrestres</u>. La longitude d'un lieu est l'arc d'équateur compris entre le méridien de ce lieu et un autre méridien pris pour origine. Les Français prennent pour origine

le méridien qui passe par l'Observatoire de Paris, et ils comptent les longitudes des deux côtés de ce méridien, longitude orientale et longitude occidentale, de 0° à 180°. Si le méridien PEP'E' est le méridien origine (Fig. 13), la longitude du lieu M est l'arc EA.

La latitude d'un lieu est l'arc de méridien compris entre ce lieu et l'équateur. On compte les latitudes dans deux sens, de l'équateur jusqu'aux deux pôles, latitude nord ou latitude sud, positive ou négative, de 0° à 90°. La latitude du lieu M est l'arc AM.

La même figure 13 servant pour les coordonnées célestes et terrestres, on voit que les cercles de déclinaison sont analogues aux méridiens, et les parallèles célestes analogues aux parallèles terrestres ; l'équateur céleste n'est même que l'équateur terrestre prolongé. De même l'ascension droite dans le ciel correspond à la longitude sur terre, et la déclinaison à la latitude.

30. Détermination de la longitude. Pour déterminer la longitude d'un lieu, comme pour l'ascension droite d'un astre, on profite de l'uniformité du mouvement diurne de la sphère. Par suite de ce mouvement, une étoile passe successivement en 24 heures sidérales par tous les méridiens terrestres, décrivant 360° en 24 h., 15° en 1 h., 15' en 1 m., 15" en 1 s. Si donc elle passe au méridien d'un lieu 6 h. 14 m. 25 s. avant de passer au méridien pris pour origine, le lieu donné a une longitude orientale de 15 fois 6°14'25" ; si elle passe après, la longitude est occidentale.

Il y a deux méthodes pour constater cette différence d'heures.

On peut emporter de Paris un chronomètre donnant l'heure sidérale de Paris ; on connaît d'ailleurs l'ascension droite de telle étoile remarquable, et par conséquent l'heure qu'il est à Paris, quand cette étoile passe au méridien de Paris. Arrivé au lieu dont on veut déterminer la longitude, on note l'heure indiquée par le chronomètre, quand la même étoile passe au méridien du lieu, et on prend la différence des deux heures. Mais si pendant le trajet le chronomètre a varié, pour chaque seconde d'erreur dans l'heure, il y a 15" d'erreur dans la longitude.

L'autre méthode consiste à chercher quelle différence d'heure il y a entre deux chronomètres, donnant l'un l'heure de Paris, l'autre celle du lieu en question.

Sur le continent, dont toutes les villes sont reliées par des fils télégraphiques, d'un lieu à l'autre on envoie un signal électrique instantané : à cause de l'énorme vitesse du courant électrique, on admet que l'instant du départ se confond avec l'instant d'arrivée. A ce moment précis on note l'heure au lieu du départ et au lieu d'arrivée : on constate ensuite la différence.

Dans les lieux où l'on ne peut pas faire de signaux électriques, on profite de quelque phénomène astronomique annoncé à l'avance ; on se sert souvent de la lune, qui se déplace très rapidement à travers les constellations. A une certaine heure du lieu en question, on détermine le point du ciel où se trouve la lune d'après ses distances à deux étoiles voisines ; on trouve dans la _Connaissance des temps_ publiée par le Bureau des Longitudes quelle heure il est à Paris quand la lune occupe ce point : on compare les deux heures. Le ciel est ainsi comme un immense cadran d'horloge, visible de partout et donnant l'heure de Paris : les divisions du cadran sont les étoiles, l'aiguille mobile est la lune, les chiffres se trouvent dans la _Connaissance des temps_.

31. _Détermination de la latitude_. La latitude est beaucoup plus facile à déterminer ; pour chaque lieu elle est égale à la hauteur du pôle au-dessus de l'horizon.

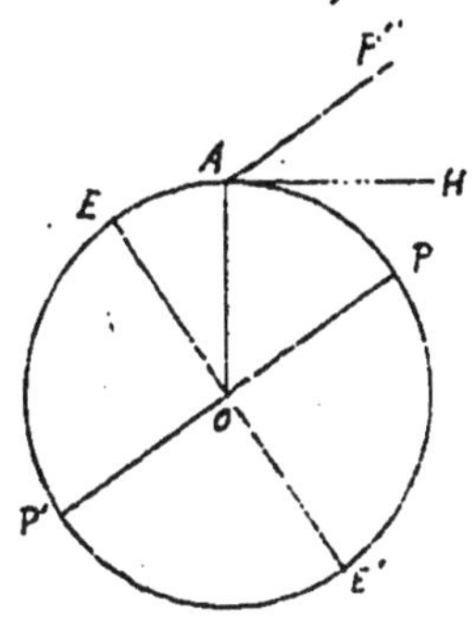

Fig. 16.

Soient EPE'P' un méridien (Fig. 16), PP' la ligne des pôles, EE' l'intersection de l'équateur avec le méridien. A un lieu pris sur le méridien, AO sa verticale, AH l'intersection de son horizon avec le méridien, AP'' la droite qui va du point A au pôle céleste, droite parallèle à PP'. La latitude du lieu A est l'arc EA, mesurant l'angle EOA ; la hauteur du pôle au-dessus de l'horizon est l'angle P''AH. Or ces deux angles sont égaux comme angles aigus ayant leurs côtés perpendiculaires chacun à chacun.

Déterminer la latitude d'un lieu revient donc à mesurer la hauteur du pôle au-dessus de l'horizon de ce lieu. Nous avons dit (22) comment cela se fait.

32. Aspect du ciel aux diverses latitudes. L'aspect du ciel diffère avec la latitude des lieux où l'on se trouve, d'après ce principe que partout l'horizon fait avec la ligne des pôles un angle égal à la latitude. D'abord telles étoiles visibles en un lieu ne le sont pas en un autre; ensuite les circonférences décrites chaque jour par les étoiles visibles ne sont pas situées de la même manière par rapport à l'horizon: non pas que ces circonférences changent, car partout elles sont perpendiculaires à la ligne des pôles, ce sont les horizons qui changent.

A l'équateur, la latitude étant nulle, l'horizon HH' comprend la ligne des pôles PP' (Fig. 17); par conséquent tous les cercles des étoiles, AA', EE', BB', sont perpendiculaires à ce plan, et partagés par lui en deux parties égales. toutes les étoiles du ciel sont visibles chaque jour pendant la moitié de leur révolution diurne. Pour exprimer que les cercles diurnes sont perpendiculaires à l'horizon, on dit que la sphère est droite.

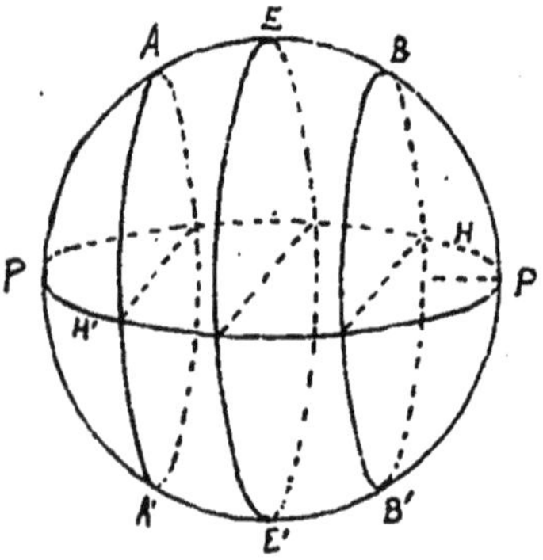

Fig. 17.

Au pôle, la latitude étant de 90°, l'horizon HH' est perpendiculaire à la ligne des pôles PP' (Fig. 18); il se confond avec l'équateur EE', et est parallèle aux cercles des étoiles AA', BB': on ne voit jamais qu'une moitié du ciel; les étoiles de l'hémisphère P décrivent leurs circonférences entières au-dessus de l'horizon, celles de l'hémisphère P' au-dessous. Pour exprimer que les cercles diurnes sont

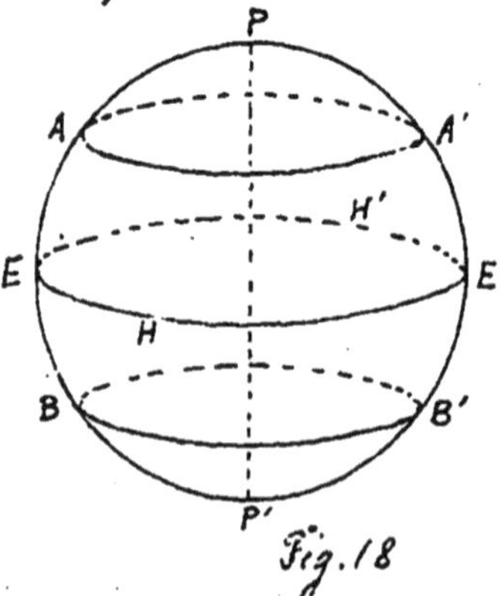

Fig. 18

parallèles à l'horizon, on dit que la sphère est parallèle.

Aux latitudes intermédiaires, en France, par exemple, la sphère est oblique; l'horizon HH' est oblique à la ligne des pôles PP' et aux cercles diurnes des étoiles (Fig. 19). Le pôle nord P est à une certaine hauteur PH' au-dessus de l'horizon, le pôle sud P' est au-dessous. Autour du pôle nord, il y a des étoiles, comme l'étoile A, qui font leur révolution entière au-dessus de l'horizon, et restent constamment visibles; il y en a d'autant plus que le pôle est plus élevé au-dessus de l'horizon, ou que la latitude du lieu est plus grande. En revanche, dans un même espace autour du pôle sud, il y a des étoiles, comme l'étoile D, qui font leur révolution entière au-dessous de l'horizon, et restent constamment invisibles. Les autres étoiles, comme B, E, C, font leur révolution partie au-dessus, partie au-dessous de l'horizon, et l'horizon partage ces cercles de manières très différentes selon la position des étoiles; pour toutes, la partie supérieure de la courbe diurne se rapproche du sud, la partie inférieure du nord.

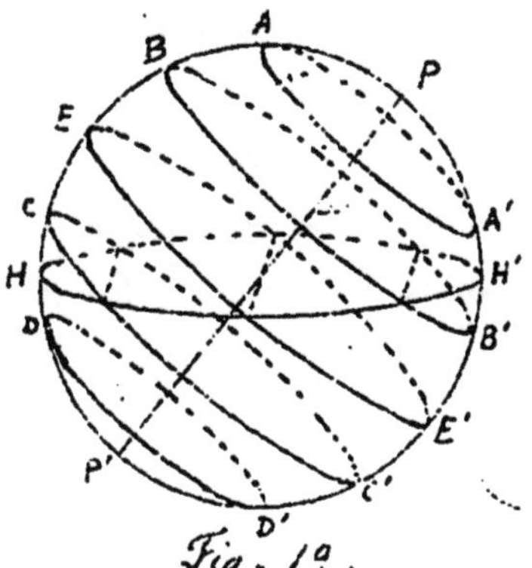

Fig. 19.

Chapitre cinquième.

Rotation de la terre, cause du mouvement diurne.

---

33. <u>Position de la question</u>. Le mouvement diurne de l'est à l'ouest, que nous avons attribué jusqu'ici à la sphère, est-il réel, ou n'est-il qu'une apparence due à un mouvement de rotation de la terre en sens inverse?

Dans l'une comme dans l'autre hypothèse, les apparences seraient à peu près les mêmes. Si la terre tourne sur elle-même, tous les objets placés à sa surface tournent avec elle, et nous ne pouvons nous apercevoir de ce mouvement qu'en voyant tourner en sens inverse les astres du ciel, comme, en descendant un fleuve paisible dans une barque, on ne s'aperçoit du mouvement de la barque qu'en voyant fuir la rive en sens opposé.

Il est désormais incontestable que c'est la terre qui tourne autour de la ligne des pôles, de l'ouest à l'est, en 24 heures sidérales. Cette vérité, devinée par les pythagoriciens, combattue par Aristote et la plupart des philosophes et astronomes anciens, oubliée pendant le moyen âge, a été reprise avec éclat par le chanoine Copernic au XVIe siècle, et par Galilée un siècle plus tard : ce n'est cependant que dans ces derniers temps qu'elle a été démontrée rigoureusement. On la démontre par deux sortes d'arguments : on prouve que ce n'est pas la sphère qui tourne, et on prouve que la terre tourne réellement.

34. Preuves contre la rotation de la sphère. D'abord le mouvement de la sphère est invraisemblable. En effet, dans cette hypothèse, il faudrait attribuer au soleil, aux planètes, et surtout aux étoiles des vitesses prodigieuses. De plus, les astres, étant à des distances très inégales de l'axe polaire, auraient à décrire des circonférences très inégales aussi, et cependant ils les décriraient dans le même temps : on ne s'explique pas comment des astres indépendants les uns des autres auraient des vitesses différentes combinées juste de manière que toutes les circonférences fussent décrites dans le même temps.

Il n'est pas seulement invraisemblable, il est impossible que les astres tournent autour de la ligne des pôles. Car tout mouvement circulaire développe une force centrifuge qui croît avec la vitesse, et qui tend à lancer les corps loin du centre de rotation. Si les étoiles tournaient autour de l'axe polaire avec leurs vitesses prodigieuses, il se développerait une force centrifuge énorme, il faudrait pour les retenir sur leur orbite une force égale et de sens contraire : or il n'y a rien sur la ligne des pôles, ligne purement idéale, qui puisse fournir cette force.

35. Preuves directes de la rotation de la terre. Une première preuve est tirée de l'analogie. Tous les astres assez proches de nous pour être observés dans leurs détails, le soleil, la lune, les planètes, nous les voyons tourner sur eux-mêmes : pourquoi la terre n'aurait-elle pas, elle aussi, son mouvement de rotation ?

Une seconde preuve, c'est la forme du globe terrestre, qui n'est pas parfaitement sphérique, mais aplati aux pôles, et renflé à l'équateur, comme nous le dirons au chapitre suivant. Or, c'est la forme que prend une sphère fluide ou élastique, quand elle tourne autour d'un de ses diamètres ; si par exemple on fait tourner rapidement autour d'un diamètre AB (Fig. 20) une circonférence formée d'une lame flexible d'acier, elle se déforme sous l'influence de la force centrifuge, elle s'aplatit dans le sens de l'axe, et se renfle selon le diamètre perpendiculaire. Les continents affectant précisément cette forme, la terre tournait donc sur elle-même quand sa surface d'abord fluide s'est solidifiée ; la mer ayant encore cette forme, c'est que la terre tourne encore aujourd'hui.

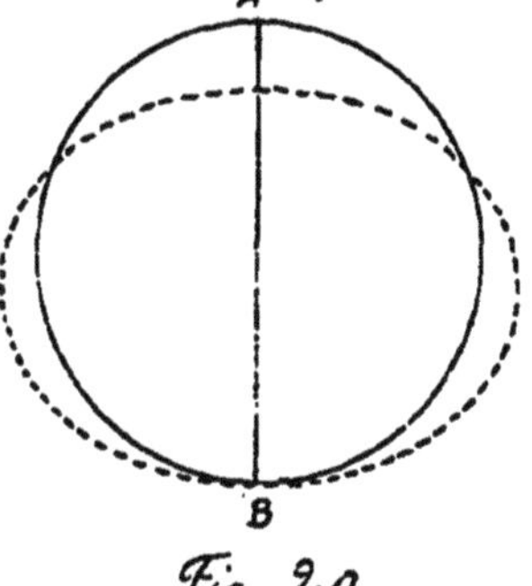

Fig. 20

Enfin Foucault, dans une expérience célèbre, a pu montrer aux yeux ce mouvement de rotation.

Il faut d'abord supposer ce principe, qu'un pendule libre dans ses mouvements, une fois mis en branle, oscille toujours dans le même plan, lors même que le système auquel il est suspendu tournerait autour de la verticale passant par le point de suspension. Ce principe est facile à vérifier par l'expérience, et l'inertie de la matière en rend compte suffisamment.

On peut donc, en faisant osciller un pendule, avoir un plan immobile, et par ce moyen vérifier si c'est la terre qui tourne ou la sphère. Supposons que nous soyons au pôle, et que là nous mettions en branle un pendule dans un certain plan. Si la terre est immobile, le plan d'oscillation coupera toujours l'horizon terrestre aux mêmes points, et la sphère céleste tournera par rapport à ce plan. Si au contraire c'est la terre qui tourne, le plan d'oscillation coupera toujours la sphère aux mêmes points, l'horizon terrestre tournera sous ce plan, et comme l'observateur ne se rendra pas compte de ce mouvement de l'horizon, le plan d'oscillation paraîtra tourner comme la sphère.

C'est au pôle que l'expérience donnerait les résultats les plus simples ; mais on conçoit qu'il n'est pas nécessaire d'être exactement au pôle, pour que le phénomène se produise d'une manière quelconque. En réalité, à toutes les latitudes, en dehors de l'équateur, un pendule libre s'écarte peu à peu de sa direction première par rapport à l'horizon ; son plan d'oscillation suit le mouvement diurne de la sphère, mais avec une vitesse qui décroît du pôle à l'équateur. L'horizon se déplace donc sous ce plan : c'est donc la terre qui tourne, et non la sphère céleste.

Cependant, quand on décrit les divers mouvements des astres, souvent on parle comme si c'était la sphère qui tournât, parce que cette hypothèse simplifie les théories. Il suffit de savoir qu'on parle alors des mouvements apparents ou relatifs.

36. Vitesse de rotation de la terre. La terre tournant en 23h 56m 4s (19), la vitesse de rotation, c'est-à-dire l'espace parcouru en 1 seconde, est donnée par la formule $v = \frac{2\pi R}{23h\ 56m\ 4s}$, dans laquelle R représente le rayon de la circonférence décrite. Cette vitesse va en diminuant avec le rayon, de l'équateur où elle est maximum, au pôle où elle est nulle. A l'équateur, où le rayon est de 6378253 mètres (43), on a $v = 465$ m. A la latitude de 49°, on a $v = 300$ m. environ.

Chapitre sixième.

Forme exacte et dimensions de la terre.

37. Mesure d'un degré du méridien. Pour arriver à connaître la forme et les dimensions de la terre, il a fallu déterminer la valeur d'un degré du méridien.

A

B

Fig.21.

Soient deux points A et B (Fig.21), situés sur le même méridien. On peut mesurer la latitude de ces deux points (31), et la différence des latitudes donne la valeur en degrés de l'arc AB. Si ensuite on mesure la longueur de cet arc, et qu'on divise la longueur trouvée par le nombre de degrés, on aura la valeur moyenne d'un degré du méridien dans la région AB.

Dans toutes les mesures de ce genre, on considère non pas la surface réelle de la terre, mais sa surface idéale, une surface qui serait partout normale à la direction de la pesanteur, la surface de la mer prolongée par la pensée à travers les continents.

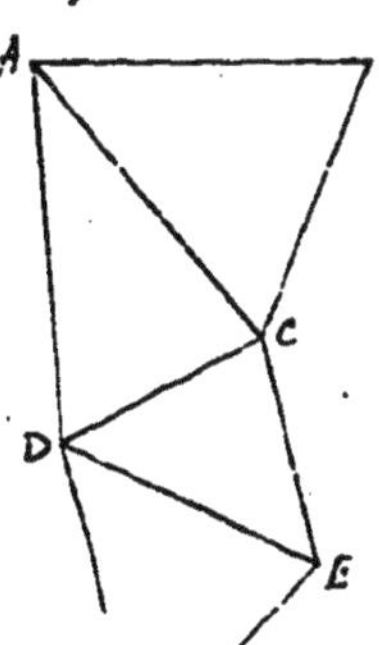

Fig.22

On procède ordinairement par triangulation : on mesure directement une ligne AB (Fig.22), choisie dans des conditions favorables, on en fait la base d'un premier triangle ABC, dont on mesure les angles BAC et ABC ; le calcul donne la valeur des côtés AC et BC. Le côté AC sert de base à un second triangle ACD, dont on mesure les angles CAD et ACD ; et ainsi de suite. Après avoir mesuré une seule ligne, on s'avance de proche en proche par une série de triangles dont on n'a à mesurer que les angles.

38. Première approximation, la terre regardée comme sphérique. Dès l'antiquité les astronomes ont regardé la terre comme sphérique : et, en effet, nous avons prouvé (3) qu'elle l'est

sensiblement. Dans cette hypothèse, il suffisait de mesurer un degré d'un méridien quelconque, pour en déduire par un calcul très simple de géométrie la longueur du méridien entier et du rayon terrestre.

Le premier qui mesura avec exactitude un arc de méridien est un prêtre français, un des plus illustres astronomes du XVIIe siècle, du nom de Picard, qui donna à la mesure des angles dans la triangulation une précision inconnue jusque-là, en remplaçant par des lunettes les alidades dont on se servait pour viser. Ce savant mesura, de 1669 à 1671, un arc d'un peu plus d'un degré, partant d'Amiens vers le sud, et il trouva pour un degré la longueur de 57060 toises.

39. Seconde approximation, la terre regardée comme un ellipsoïde : théorie de Newton. Quelques années après, en 1687, dans son livre Des Principes, Newton, considérant la terre comme une masse fluide et homogène, tournant sur elle-même autour de la ligne des pôles, démontrait que le rayon équatorial doit être plus grand que le rayon polaire. En effet, supposé deux colonnes liquides allant du centre l'une à l'équateur, l'autre au pôle, la première est soumise à l'action de la force centrifuge développée par la rotation, et qui, étant dirigée en sens inverse de la pesanteur, diminue celle-ci ; pour que les deux colonnes se fassent équilibre, il faut que la colonne équatoriale soit plus haute que la polaire. Newton en concluait que la terre est un ellipsoïde de révolution, un solide tel que l'engendrerait une ellipse tournant autour de son petit axe. La terre devait être renflée à l'équateur, et aplatie aux pôles.

40. Degrés d'un méridien elliptique. Dans cette hypothèse, les sections qu'on obtient en coupant la terre par des plans passant par la ligne des pôles, peuvent encore s'appeler des méridiens, mais ce ne sont plus des cercles, ce sont des ellipses. Or les degrés d'une ellipse ne s'évaluent pas comme ceux d'une circonférence. Soit l'ellipse terrestre PEP'E' (Fig. 23), et

un arc AB pris sur cette ellipse. Par les points A et B on mène les normales à la courbe, AC et BC, normales qui généralement ne se dirigent pas vers le centre O; soit C leur point d'intersection: on attribue à l'arc AB la même valeur en degrés qu'à l'angle ACB.

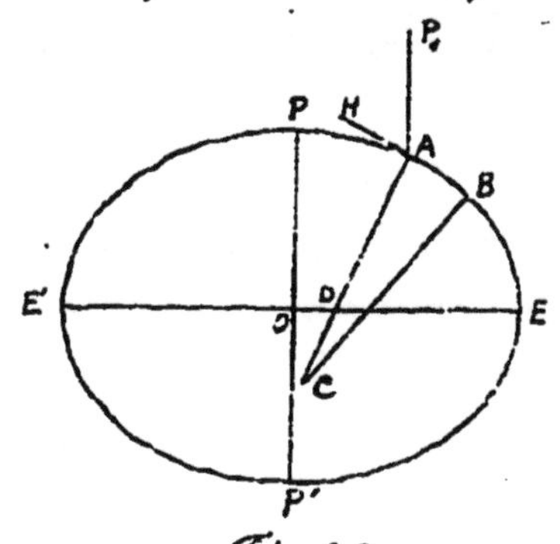

Fig. 23.

La latitude d'un lieu reste toujours égale à la hauteur du pôle au-dessus de l'horizon (31). Soit le lieu A: sa latitude, mesurée par l'arc AE (29), ou par l'angle ADE, est égale à la hauteur du pôle P,AH; car les deux angles ADE et P,AH ont leurs côtés perpendiculaires chacun à chacun. Elle se détermine donc toujours de la même manière (31); et la différence de latitude des lieux A et B donne la valeur de l'arc AB.

Ainsi entendus, les degrés du méridien elliptique sont inégaux, et croissent de l'équateur au pôle. En effet, l'arc AB, s'il n'a pas beaucoup de degrés, peut être considéré comme un arc de cercle décrit du point C comme centre. La courbure étant moins forte au pôle qu'à l'équateur, les arcs polaires appartiennent à des circonférences de plus grand rayon que les arcs équatoriaux: un degré au pôle est donc plus grand qu'un degré à l'équateur.

41. Mesures au Pérou et en Laponie. L'Académie des sciences de Paris voulut vérifier le fait, et elle envoya en 1735 et 1736 deux commissions pour mesurer des arcs de méridien à des latitudes extrêmes. Maupertuis revint le premier, et annonça en 1740 une valeur de 57438 toises pour un degré en Laponie; en 1745, Bouguer et Lacondamine annonçaient 56753 toises pour un degré au Pérou. Ces deux mesures, comparées à celle de France (38), prouvaient que la longueur du degré augmente de l'équateur au pôle: le méridien n'est donc pas une circonférence, mais une courbe aplatie aux pôles et renflée à l'équateur.

42. Travaux de la commission du système métrique. En

supposant que cette courbe soit une ellipse, quelle est la longueur du grand axe, du petit axe, la valeur de l'aplatissement, la longueur du méridien?

A la fin du siècle dernier, il y avait encore beaucoup d'incertitude sur cette question, lorsqu'une grande opération géodésique fut faite en France par ordre de la Convention nationale. On avait résolu d'adopter un nouveau système de poids et de mesures, basé sur l'unité de longueur qu'on appellerait mètre, et de prendre pour mètre la dix-millionième partie du quart du méridien. Delambre et Méchain furent chargés de mesurer l'arc de méridien qui traverse la France de Dunkerque à Barcelone, et ils exécutèrent ce travail de 1792 à 1798. Ils prirent pour base de leur triangulation une ligne mesurée près de Melun, et pour moyen de vérification une seconde ligne près de Perpignan: celle-ci se trouva, à 11 pouces près, égale à la valeur donnée par le calcul. Ils avaient résolu 90 triangles.

Le résultat de leurs calculs, combiné avec la valeur trouvée pour le degré au Pérou, donna pour le quart du méridien terrestre 5130740 toises. On prit donc le mètre égal à 0t,5130740 ou à 3 pieds, 11 lignes, 296.

Les mêmes calculs avaient donné la fraction $\frac{1}{334}$ pour valeur de l'aplatissement, c'est-à-dire pour le rapport $\frac{a-b}{a}$, a représentant le rayon équatorial OE (Fig. 23), et b le rayon polaire OP.

43. Etat actuel de la question. Depuis on a multiplié les mesures sur les méridiens et les parallèles, et les résultats se sont trouvés inconciliables avec l'hypothèse que la terre est un ellipsoïde de révolution. Dans cette hypothèse, tous les méridiens seraient des ellipses égales; sur chacun d'eux les degrés augmenteraient de l'équateur au pôle selon une loi fixe; chaque parallèle, c'est-à-dire, la courbe comprenant tous les lieux de même latitude, serait une circonférence dont tous les degrés seraient égaux. Or il n'en est pas ainsi, et les différences sont trop grandes pour qu'on puisse les attribuer à des erreurs d'observa-

tion. La surface idéale de la terre n'a donc pas une forme exactement géométrique; elle s'écarte peu de la forme ellipsoïdale, elle s'en écarte pourtant, elle présente çà et là des surélévations et des dépressions, dues sans doute au défaut d'homogénéité dans la masse du globe, et au relief des masses montagneuses, deux causes qui font dévier la pesanteur de sa direction normale.

Sous le bénéfice de ces réserves, voici les chiffres donnés par le Bureau des Longitudes, d'après Clarke, comme exprimant les éléments d'une ellipse moyenne.

Quart du méridien .... 10 001 877 m.
Rayon équatorial .... 6 378 253 m.
Rayon polaire .... 6 356 521 m.
Renflement équatorial,
ou différence entre les deux rayons, a-b, . 21 732 m.
Aplatissement, $\frac{a-b}{a}$ .... $\frac{1}{293,5}$
Rayon d'une sphère dont le volume
serait égal à celui de la terre .... 6 371 000 m.

D'après M. Faye la surface de la terre est de 510 812 000 km²;
son volume de . 1 083 260 millions de km³.

D'après diverses mesures, sa densité moyenne paraît être 5,5 par rapport à celle de l'eau.

On voit que notre mètre est un peu trop court pour être la dix-millionième partie du quart du méridien; il lui manque environ deux dixièmes de millimètre.

On voit ensuite que le renflement équatorial, de 21 à 22 km, est relativement peu considérable. Sur un globe dont le diamètre équatorial aurait 30 centimètres, le diamètre polaire n'aurait guère qu'un millimètre de moins; il serait impossible de saisir à la vue cette différence. Les autres irrégularités de la surface sont encore plus insignifiantes. On peut donc dans la plupart des cas continuer à regarder la terre comme une sphère.

Livre Second.
Le Soleil.

Chapitre premier.
Le mouvement annuel

44. Mouvement apparent du soleil sur la sphère. Le soleil est l'astre d'où viennent à la terre la chaleur et la lumière; sans lui il n'y aurait ni vie ni mouvement sur notre globe; c'est lui qui par ses différentes positions par rapport à l'horizon produit en chaque lieu le jour et la nuit, les saisons et les climats. Il n'y a donc pas d'astre dont l'étude soit plus intéressante pour nous.

Le soleil participe au mouvement diurne de la sphère, et c'est son mouvement diurne qui produit la succession des jours et des nuits; mais il a de plus un mouvement propre à travers les constellations. Pour s'en rendre compte, il faut déterminer exactement l'ascension droite et la déclinaison du soleil à son passage au méridien pendant un grand nombre de jours. Cette détermination pour le soleil, comme pour tous les astres qui ont un diamètre apparent, doit se rapporter au centre. On détermine l'ascension droite du bord occidental et celle du bord oriental: la moyenne est celle du centre; on détermine la déclinaison du bord inférieur et celle du bord supérieur: la moyenne est celle du centre. On constate ainsi que l'ascension droite du soleil augmente chaque jour d'environ un degré, et qu'elle passe en un an par toutes les valeurs, de 0° à 360°; que sa déclinaison est tantôt boréale, tantôt australe, que tantôt elle augmente, tantôt elle diminue. Si l'on note sur une sphère les positions successives du soleil, et qu'on les relie par un trait continu, pour former la courbe que le soleil dans son mouvement propre décrit sur la sphère, on voit que cette courbe est la circonférence d'un grand cercle, et que le soleil la décrit en un an, en allant de l'ouest à l'est, en sens inverse du mouvement diurne.

Le sens de l'ouest à l'est s'appelle en astronomie le sens direct; le sens contraire, de l'est à l'ouest, s'appelle le sens rétrograde.

45. Ecliptique. Le grand cercle εε' (Fig. 24) que le soleil décrit sur la sphère s'appelle l'écliptique, parce que les éclipses de soleil et de lune n'ont lieu que quand la lune se trouve aussi sur ce cercle ou tout près. Il traverse les douze constellations du zodiaque (13), et il fait avec l'équateur EE' un angle d'environ 23°27'. Cette inclinaison n'est pas constante; elle diminue depuis les plus anciennes observations chinoises, qui datent de 11 siècles avant J.C.; actuellement elle diminue d'environ 0",46 par an. Laplace a démontré que cette diminution aurait un terme, et que l'angle oscille autour d'une valeur moyenne, sans que ses variations puissent dépasser une amplitude de 3°.

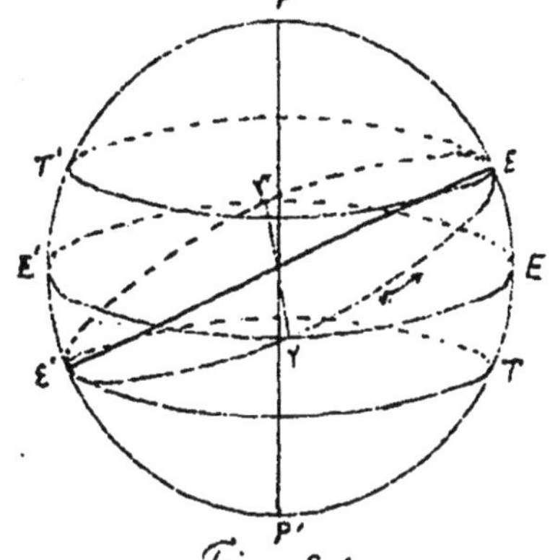

Fig. 24

46. Equinoxes, Solstices, Tropiques. On appelle équinoxes ou points équinoxiaux les deux points γ et γ' (Fig.) où l'écliptique coupe l'équateur; on les appelle ainsi parce que, quand le soleil se trouve là, le jour est égal à la nuit sur toute la terre. Il y a l'équinoxe de printemps et l'équinoxe d'automne; le premier est le point où le soleil passe de l'hémisphère austral dans l'hémisphère boréal, le second celui où il passe de l'hémisphère boréal dans l'hémisphère austral. Si le pôle P est le pôle nord, et si le soleil marche selon la flèche, le point γ est l'équinoxe de printemps le point γ' celui d'automne.

On appelle solstices ou points solsticiaux les deux points ε et ε' où le soleil atteint sa plus grande déclinaison boréale ou australe, εE ou ε'E' ; c'est cette déclinaison maxima qui mesure l'angle formé par l'écliptique avec l'équateur ; elle est donc de 23° 27'. Les solstices se trouvent aux deux extrémités du diamètre de l'écliptique perpendiculaire à la ligne des équinoxes γγ' : le point ε dans l'hémisphère boréal est le solstice d'été, le point ε' dans l'hémisphère austral est le solstice d'hiver. On les appelle solstices (sol stat), parce que dans les environs de ces points la déclinaison du soleil ne varie guère d'un jour à l'autre, le soleil dans son mouvement en déclinaison paraît stationnaire.

Les tropiques sont des cercles parallèles à l'équateur menés par les points solsticiaux ; εT' dans l'hémisphère boréal est le tropique du Cancer, ε'T dans l'hémisphère austral est le tropique du Capricorne.

47 - <u>Détermination du point équinoxial de printemps</u>. Le point équinoxial de printemps est très important en astronomie, parce qu'il est l'origine des ascensions droites (25), et que son passage au méridien est l'origine du jour sidéral (19). Il est donc nécessaire d'en déterminer exactement la position sur l'équateur, ou sa distance aγ au cercle de déclinaison d'une étoile remarquable A (Fig. 25).

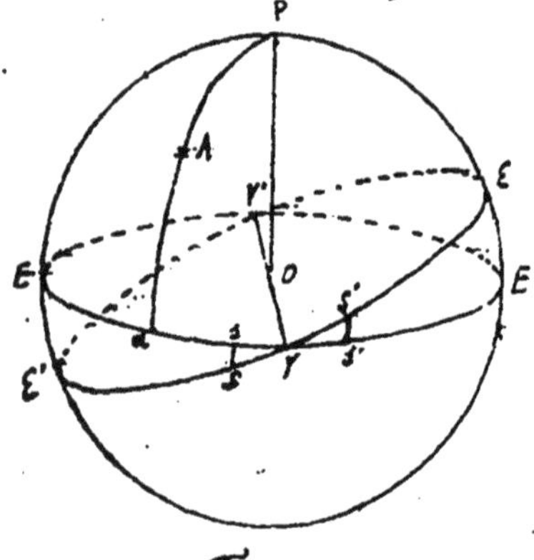

Fig. 25

Pour cela on observe le soleil plusieurs jours de suite à l'époque de l'équinoxe, en prenant pour origine provisoire des ascensions droites le cercle de déclinaison de l'étoile A. Soit S sa position sur l'écliptique un certain jour à midi : sa déclinaison était australe, égale à Ss ; son ascension droite était as. Le lendemain à midi le soleil est en S' ; sa déclinaison est boréale, égale à S's' ; son ascension droite est as' ; c'est dans l'intervalle que le soleil est passé en γ.

Les deux triangles γSs et γS's' peuvent être considérés comme des triangles rectilignes semblables, et donnent la proportion

$$\frac{s\gamma}{s'\gamma} = \frac{Ss}{S's'} \quad \text{ou} \quad \frac{s\gamma}{s\gamma + s'\gamma} = \frac{Ss}{Ss + S's'} \quad \text{ou} \quad \frac{s\gamma}{ss'} = \frac{Ss}{Ss + S's'} \quad \text{ou} \quad \frac{s\gamma}{as' - as} = \frac{Ss}{Ss + S's'}$$

D'où l'on tire $s\gamma = \dfrac{(as' - as) \times Ss}{Ss + S's'}$

Si à $s\gamma$ on ajoute as, on a la quantité cherchée $a\gamma$.

48. <u>Longitude et latitude célestes</u>. L'écliptique sert de base à un second système de coordonnées célestes, la longitude et la latitude, qui se rapportent à l'écliptique, comme l'ascension droite et la déclinaison à l'équateur. Soient EE' l'équateur (Fig. 26), εε' l'écliptique, P et B les pôles de ces deux cercles, et soit un astre A. Sa position sur la sphère est déterminée par son ascension droite γC et sa déclinaison AC ; mais elle peut l'être aussi bien par les arcs γD et AD. Ces deux coordonnées sont la longitude et la latitude célestes.

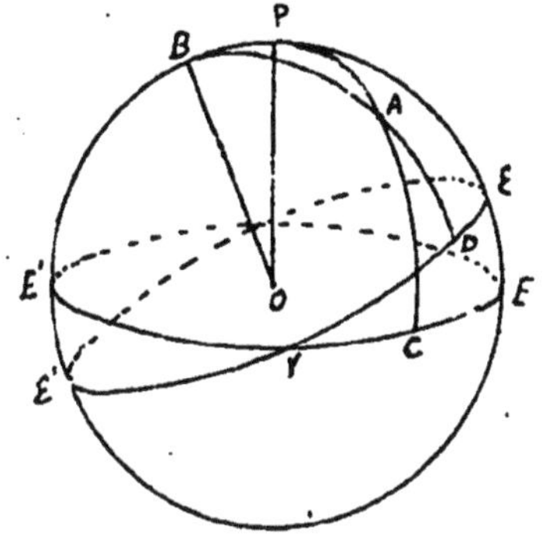

Fig. 26

On appelle donc cercle de latitude d'un astre A un grand cercle BAD perpendiculaire à l'écliptique et passant par cet astre ; latitude d'un astre A sa distance à l'écliptique, mesurée par l'arc AD sur son cercle de latitude ; longitude d'un astre A la distance de son cercle de latitude au point équinoxial de printemps, mesurée par l'arc γD sur l'écliptique. La latitude se compte des deux côtés de l'écliptique de 0° à 90° ; la longitude se compte à partir du point équinoxial de printemps, de l'ouest à l'est, de 0° à 360°.

Les nouvelles coordonnées sont nécessaires dans beaucoup de calculs astronomiques. On détermine directement par l'observation l'ascension droite et la déclinaison ; on en déduit la longitude et la latitude par des calculs trigonométriques.

49. <u>Variations du diamètre apparent du soleil</u>. En même temps que le soleil se déplace sur la sphère, son diamètre apparent varie (6) ; il diminue du premier janvier au premier

juillet environ, et augmente du premier juillet au premier janvier. En moyenne il est de 32′3″,64 ; le premier janvier 1890, à midi, il était de 32′36″,50 ; le 30 juin il était de 31′32″,04. Pour expliquer ces variations périodiques, on ne peut pas supposer que le diamètre réel du soleil varie dans les mêmes proportions ; il est plus simple d'admettre que la distance du soleil à la terre varie ; qu'il se rapproche de nous quand son diamètre apparent augmente, qu'il s'éloigne quand son diamètre apparent diminue.

Précisons davantage : le diamètre apparent du soleil est en raison inverse de la distance. En effet, soient d et d' deux diamètres apparents du soleil à deux époques différentes, r et r' les distances correspondantes. Comme les angles d et d' sont très petits, les arcs qui les mesurent se confondent sensiblement avec leurs cordes ; on peut dire que le diamètre réel du soleil occupe successivement un arc de d minutes sur une circonférence de rayon r, et un arc de d' minutes sur une circonférence de rayon r'. On a donc l'égalité $\frac{2\pi r d}{360 \times 60} = \frac{2\pi r' d'}{360 \times 60}$ ou $rd = r'd'$

d'où $\frac{r}{r'} = \frac{d'}{d}$.

De là résulte un moyen de déterminer la forme de l'orbite que le soleil décrit dans l'espace autour de la terre.

50. Forme de l'orbite décrite par le soleil dans l'espace. Pendant un an, chaque fois que le soleil passe au méridien, on mesure son diamètre apparent, et on détermine son ascension droite et sa déclinaison : des coordonnées équatoriales on déduit sa longitude.

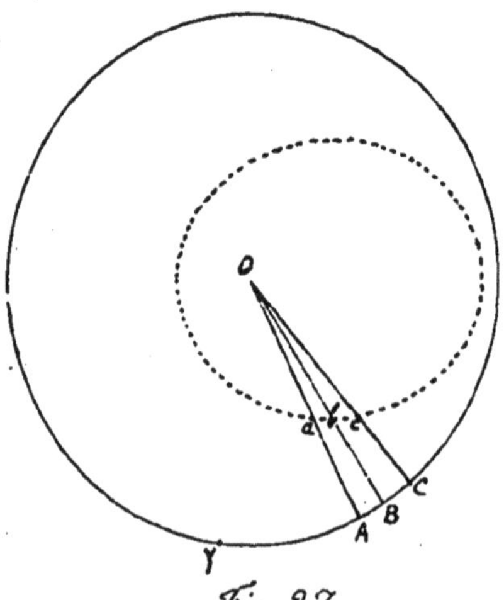

Fig. 27.

Cela fait, sur une circonférence O (Fig. 27) représentant l'écliptique, on prend arbitrairement un point γ pour représenter le point équinoxial de printemps, et à partir de ce point, au moyen des longitudes, on note les positions successives A, B, C, etc, occupées par le soleil. Soient d, d', d'', etc, les diamètres apparents correspondants aux positions A, B, C, etc. On mène les rayons OA, OB, OC, etc: sur OA on prend une longueur arbitraire Oa pour représenter la distance du soleil ; sur OB on prend Ob de telle sorte qu'on ait $\frac{Ob}{Oa} = \frac{d}{d'}$, et ainsi de suite ; on relie les points a, b, c, etc par un trait continu, et l'on a une courbe semblable à celle que le soleil décrit dans l'espace autour de la terre.

En étudiant cette courbe, on voit que c'est une ellipse dont la terre occupe un des foyers. La circonférence de grand cercle que le soleil parait décrire sur la sphère (44, 45), n'est que la trace sur la sphère du plan de l'orbite solaire.

51. Eléments de l'ellipse décrite par le soleil. L'ellipse est une courbe telle que la somme des distances de chacun de ses points à deux points fixes, appelés foyers, est constante. Soit une ellipse (Fig. 28), dont les deux foyers sont F et F' : la somme FM + F'M est toujours la même, quel que soit le point M.

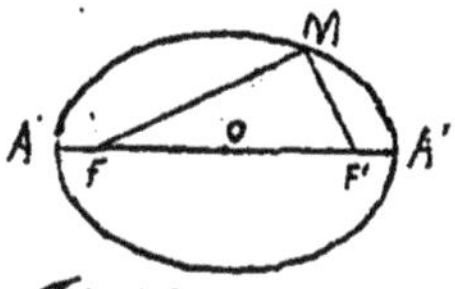

M
A
O
F
F'
A'

Fig. 28

On appelle rayon vecteur toute droite qui va d'un foyer à la courbe, comme FM.

On appelle grand axe la droite AA', qui passe par les deux foyers, et se termine de part et d'autre à l'ellipse.

Le grand axe dans l'orbite solaire détermine les apsides, c'est-à-dire, les points où le soleil est le plus rapproché ou le plus éloigné de la terre. Si la terre est en F, c'est le point A le plus rapproché de la terre, on l'appelle le périgée ; c'est le point A' le plus éloigné, on l'appelle l'apogée. Le soleil passe au périgée vers le premier janvier, à l'apogée vers le premier juillet.

La ligne des apsides se déplace dans l'espace, comme si l'ellipse tout entière tournait autour du foyer F occupé par la terre, dans le sens direct, avec une vitesse angulaire de 11",7 par an.

On appelle excentricité d'une ellipse le rapport de la distance des deux foyers à la longueur du grand axe, le rapport $\frac{FF'}{AA'}$. Dans l'orbite solaire l'excentricité est 0,01677, ou environ $\frac{1}{60}$.

On appelle centre d'une ellipse le milieu O du grand axe.

52. Vitesse du soleil, la loi des aires. La vitesse apparente du soleil est loin d'être uniforme. En prenant dans les observations précédentes (50) la différence des longitudes du soleil d'un jour à l'autre, on a l'arc décrit par le soleil sur l'écliptique en un jour, par exemple les arcs AB, BC (Fig. 27) : c'est ce qu'on peut appeler la vitesse apparente du soleil. On s'aperçoit tout de suite que cette vitesse varie, qu'elle est plus grande au périgée qu'à l'apogée. Elle est régie par la loi des aires, qu'on peut formuler ainsi : Les aires décrites par le rayon vecteur qui va de la terre au soleil sont proportionnelles aux temps employés à les décrire.

On peut vérifier cette loi en comparant deux secteurs TAB et TCD (Fig. 29) décrits par le rayon vecteur en un jour à deux époques différentes de l'année. Chacun de ces secteurs peut être considéré comme un secteur circulaire, car dans l'espace d'un jour la distance du soleil varie peu. La comparaison des longitudes donne la valeur en degrés des angles ATB, CTD ; la comparaison des diamètres apparents donne le rapport de TA à TC : on peut donc calculer la surface des deux secteurs, ou du moins leur rapport, et on trouve qu'ils sont sensiblement égaux.

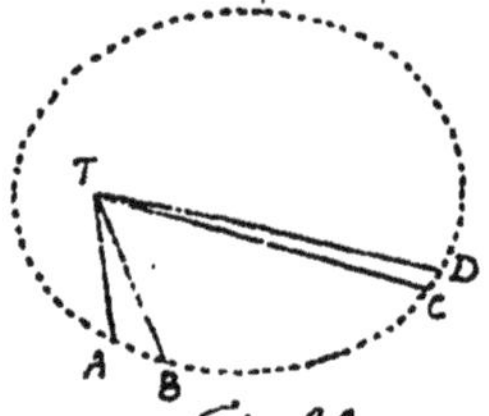

Fig. 29.

53. Le mouvement annuel appartient-il au soleil ou à la terre ? Nous avons dit (50) que le soleil décrit en un an une ellipse autour de la terre : c'est vrai comme mouvement relatif ; mais n'est-ce pas plutôt la terre qui tourne autour du soleil ? Faut-il admettre que, la terre étant immobile en T (Fig. 30), le soleil décrit dans le sens de la flèche une ellipse SS'BD, dont le point T est un des foyers ? ou que, le soleil étant immobile en S, la terre décrit dans le même sens une ellipse TT'B'D', égale à

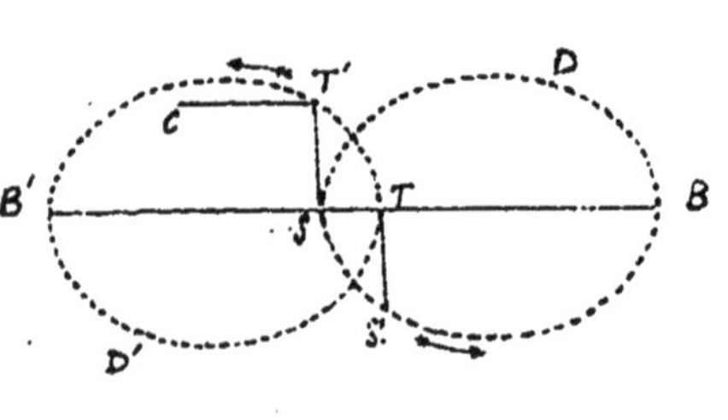

Fig. 30

la première, et dont le point S est un des foyers ?

Dans la seconde hypothèse, au lieu d'avoir le périgée en S et l'apogée en B, on aurait le périhélie en T et l'aphélie en B'.

Dans les deux hypothèses, le mouvement apparent du soleil doit être le même, et son diamètre apparent doit varier de même. En effet, lorsque dans la première le soleil est venu de S en S', dans la seconde la terre a parcouru un arc égal TT', les rayons vecteurs TS' et ST' sont égaux, et par suite le diamètre apparent du soleil est le même dans les deux cas. Dans la première hypothèse le soleil a tourné autour de la terre de l'angle STS'. Dans la seconde on voyait d'abord le soleil du point T dans la direction TS, ensuite on le voit du point T' dans la direction T'S ; si nous menons T'C parallèle à TS, l'angle CT'S est l'angle des deux directions successives, le soleil paraît avoir tourné de cet angle. Or les deux angles STS' et CT'S sont égaux comme ayant leurs côtés parallèles : le mouvement angulaire du soleil est donc le même dans les deux cas.

De ces deux hypothèses c'est la seconde qui est la vraie.

54. C'est la terre qui tourne autour du soleil. Tout astre qui tourne dans l'espace autour d'un autre, ne peut rester sur son orbite qu'en tombant continuellement vers cet autre. Soit en effet un astre A (Fig. 31), décrivant une orbite circulaire autour d'un autre astre placé au centre O. Si aucune action nouvelle ne s'exerçait sur lui, en vertu de l'inertie il s'en irait selon la tangente, et en un temps donné il viendrait en B ; puisque de fait il parcourt l'arc AC, et vient en C, il est donc tombé vers l'astre O de la quantité BC. Il faut donc, ou bien que le soleil tombe sur la terre, ou la terre sur le soleil. Le soleil étant plus d'un million de fois plus gros que la terre, on ne peut admettre que le soleil tombe sur la terre. autant vaudrait dire, quand une pierre tombe sur le sol, que c'est la terre qui se rapproche de la pierre. Donc la terre tourne autour du soleil.

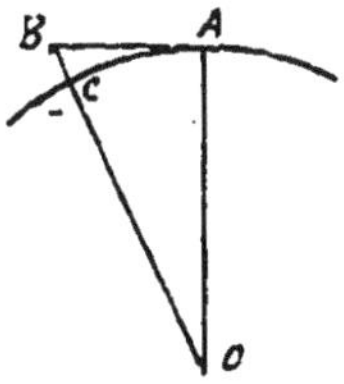

Fig. 31.

Nous verrons au livre IVe qu'il y a des planètes qui décrivent autour du soleil des ellipses selon la loi des aires ; ces planètes ressemblent à la terre par leur état physique : les unes sont plus grosses qu'elle, les autres plus petites ; les unes plus rapprochées du soleil, les autres plus éloignées. Si l'on admet que la terre tourne autour du soleil comme une planète, le système solaire est de la plus grande simplicité ; si au contraire on veut placer la terre immobile au centre du monde, et faire tourner autour d'elle le soleil emportant avec lui son cortège de planètes, ce rôle exceptionnel attribué à la terre est une anomalie inexplicable.

Enfin le mouvement de la terre autour du soleil se manifeste par de très petits changements dans la position apparente des étoiles, et cela de deux manières : d'une manière qui sert de base à la mesure de la distance de certaines étoiles, comme nous l'expliquerons au livre V^e, et d'une autre manière, découverte par Bradley, et appelée l'aberration de la lumière, qui ne peut être expliquée dans ce cours.

La vitesse de la terre sur son orbite est d'environ 29 km et demi par seconde.

Chapitre second
Précession des équinoxes

---

55. <u>Phénomène de la précession</u>. C'est Hipparque qui, 150 ans avant J.C. découvrit le phénomène de la précession des équinoxes.

Si l'on compare l'ascension droite et la déclinaison des étoiles, telles qu'elles sont à une époque donnée, à ce qu'elles étaient un siècle ou deux auparavant, on voit qu'elles ont toutes changé, et elles ont changé d'une manière compliquée. Mais si l'on transforme l'ascension droite et la déclinaison en longitude et latitude célestes, le phénomène se simplifie : les latitudes sont restées les mêmes ou à peu près, les longitudes ont augmenté régulièrement de 50" environ par an.

La constance des latitudes montre que la position relative de l'écliptique et des étoiles ne change pas sensiblement. Mais si la longitude γa de l'étoile A (Fig. 32) augmente continuellement, il faut admettre de deux choses l'une : ou bien, le point γ restant fixe, l'étoile A et toute la sphère tournent de 50" par an dans le sens direct γa autour de l'axe de l'écliptique OB ; ou bien, les étoiles restant immobiles, le point γ rétrograde sur l'écliptique dans le sens γD à raison de 50" par an. La première hypothèse est tout aussi invraisemblable que celle du mouvement diurne de la sphère autour de la ligne des pôles ; la seconde seule mérite par sa simplicité d'être conservée.

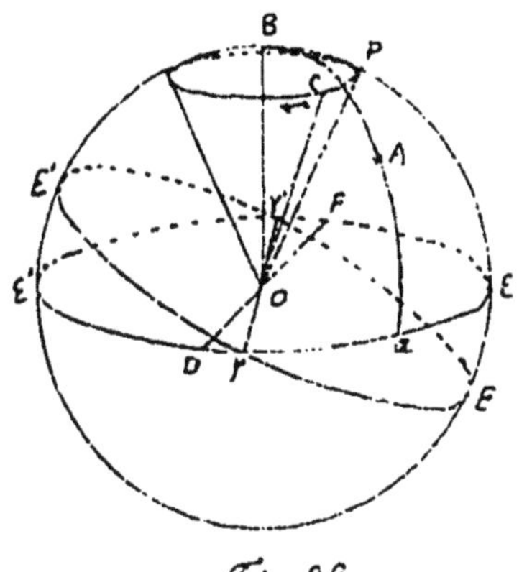

Fig. 32.

Il faut donc admettre que la ligne des pôles OP décrit un cône autour de l'axe de l'écliptique OB dans le sens rétrograde, comme l'axe d'une toupie inclinée décrit un cône autour de la verticale. L'équateur EE', restant toujours perpendiculaire à la ligne des pôles, se balance dans l'espace autour du point O, et son intersection avec l'écliptique EE' se déplace sur l'écliptique dans le sens rétrograde ; quand OP est venu en OC, l'intersection γγ' est venue en DF.

Ainsi, pendant que le soleil, parti du point γ, parcourt l'écliptique dans le sens γEγ'E', le point γ vient à sa rencontre ; grâce à ce mouvement, l'équinoxe a lieu 1 minute 1/3 plus tôt ; c'est pourquoi le phénomène s'appelle la précession des équinoxes.

56. <u>Cause de la précession</u>. Le mouvement conique de la ligne des pôles est produit par l'attraction du soleil sur le renflement équatorial de la terre. Si la terre ne tournait pas, cette attraction rapprocherait peu à peu l'équateur de l'écliptique, et les deux plans finiraient par se confondre ; comme la terre tourne, il en résulte seulement un mouvement conique de l'axe de rota-

tion : de même, si une toupie inclinée ne tournait pas, la pesanteur la ferait tomber immédiatement ; quand elle tourne, l'action de la pesanteur fait décrire un cône à l'axe. Comme l'action sur le renflement équatorial est très faible relativement à la force vive du mouvement de rotation du globe, le mouvement conique est très lent : il lui faut, pour s'accomplir en entier, une période de 25800 ans environ.

57. Mouvement rétrograde des signes du zodiaque. Nous savons que le soleil, dans sa marche sur l'écliptique, traverse douze constellations, qui occupent la zone du ciel appelée le Zodiaque (13, 45), et le soleil demeure dans chacune d'elles pendant un mois environ. C'est par les constellations qu'il traverse successivement, que les premiers astronomes désignaient la position du soleil. Mais ces constellations sont d'inégale étendue : c'est pourquoi, au temps d'Hipparque, pour suivre avec plus de précision le mouvement du soleil, aux constellations on substitua les signes du zodiaque. Les signes sont des divisions de l'écliptique divisée en 12 parties égales de 30 degrés chacune, à partir du point équinoxial de printemps. A cette époque le premier signe coïncidait à peu près avec la constellation du Bélier : on l'appela le signe du Bélier, et on donna aux autres les noms des constellations suivantes.

Mais depuis lors, le point vernal, origine des signes, a rétrogradé sur l'écliptique, de 30° environ, de la valeur d'un signe ; du Bélier il est venu dans les Poissons. Les signes eux-mêmes ont rétrogradé d'autant, de sorte que chacun d'eux ne coïncide plus avec la constellation dont il a reçu le nom, mais avec la constellation précédente. Néanmoins on leur a conservé leurs anciens noms ; le premier signe s'appelle encore le signe du Bélier ; et on dit encore que le soleil entre dans le signe du Bélier, pour dire qu'il passe au point équinoxial de printemps.

58. Déplacement du pôle sur la sphère. Le mouvement conique de l'axe terrestre déplace continuellement le pôle sur

la sphère. Le pôle proprement dit, P (Fig. 32), ou pôle de l'équateur, décrit sur la sphère, en 25800 ans, dans le sens rétrograde, un petit cercle autour du pôle B de l'écliptique, dont le diamètre sur la sphère est de 2 fois 23°27'. Lors des plus anciennes observations, le pôle était à 12° de l'étoile polaire actuelle; il en est aujourd'hui à 1°17'; il s'en rapprochera jusqu'en 2605, époque où il n'en sera plus distant que de 26'; puis il s'en éloignera pendant 13000 ans jusqu'à la distance de 46°; à cette époque lointaine, il sera à quelques degrés seulement de Wéga. Il résulte de là que les étoiles dites circompolaires pour un horizon donné ne sont pas toujours les mêmes dans la suite des siècles.

Chapitre troisième
Les saisons.

---

59. Définition des saisons. Les saisons sont des divisions de l'année, qui se distinguent les unes des autres par le temps pendant lequel le soleil reste chaque jour sur l'horizon, par la hauteur à laquelle il monte dans le ciel, par la chaleur qu'il verse sur un lieu donné. Astronomiquement une saison est le temps que le soleil met pour aller d'un équinoxe au solstice suivant, ou d'un solstice à l'équinoxe suivant. Il y en a donc quatre, le printemps, l'été, l'automne et l'hiver, suivant que le soleil va de l'équinoxe de printemps au solstice d'été, du solstice d'été à l'équinoxe d'automne, de l'équinoxe d'automne au solstice d'hiver, du solstice d'hiver à l'équinoxe de printemps.

60. Explication des saisons dans le mouvement apparent. La différence des saisons pour la terre en général vient de l'obliquité de l'écliptique. Suivons donc le soleil pendant une année dans son double mouvement apparent, son mouvement diurne parallèle à l'équateur, son mouvement annuel sur l'écliptique.

Soit le soleil en γ (Fig. 33). Dans son mouvement diurne, il tend à décrire en 24 heures une circonférence dans le plan de l'équateur γE'γ'E ; mais en même temps il s'avance sur l'écliptique dans le sens γε, de sorte qu'après avoir fait un tour autour de la ligne des pôles, il se retrouve en A et non en γ ; le jour suivant il est en B, puis en C, etc. Il ne décrit donc pas des circonférences parallèles à l'équateur, mais une sorte de spirale, en se rapprochant du pôle P jusqu'au tropique du Cancer εT' ; puis il redescend en spirale sur l'arc εγε' vers le pôle P' jusqu'au tropique du Capricorne ε'T ; puis quand il a touché ce tropique, il remonte en spirale vers les points γ et ε.

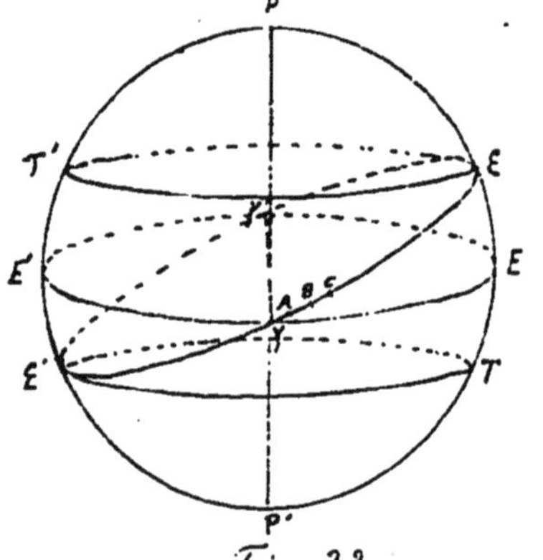

Fig. 33.

Mais, comme l'arc d'écliptique décrit en un jour est très petit, d'un degré environ, on peut supposer que chaque jour le soleil décrit une circonférence parallèle à l'équateur, et que la petite variation en déclinaison se fait brusquement à son lever. Voyons quelle sera la position de ces circonférences décrites chaque jour par rapport à l'horizon, selon qu'on se trouve à l'équateur, au pôle, ou à des latitudes intermédiaires.

Pour simplifier les figures, nous projetterons les circonférences de la sphère sur le méridien du lieu. Ainsi la figure 34 représente un méridien, PP' la ligne des pôles, EE' la projection de l'équateur sur le méridien, εε' celle de l'écliptique, εT', ε'T celle des deux tropiques ; les deux points équinoxiaux γ et γ' se projettent au centre.

61. Les saisons à l'équateur. A l'équateur la ligne des pôles est contenue dans le plan de l'horizon, de sorte que PP' représente l'horizon. Quel que soit le point de l'écliptique où se trouve le soleil, la circonférence qu'il décrit chaque jour, εT', EE', ε'T, est perpendiculaire à l'horizon, et partagée par lui en deux

arcs égaux. Le jour est donc égal à la nuit pendant toute l'année. La seule différence entre les saisons, c'est que de l'équinoxe de printemps à l'équinoxe d'automne on doit se tourner vers le nord pour regarder le soleil, et de l'équinoxe d'automne à l'équinoxe de printemps on doit se tourner vers le sud; aux équinoxes mêmes le soleil passe au zénith.

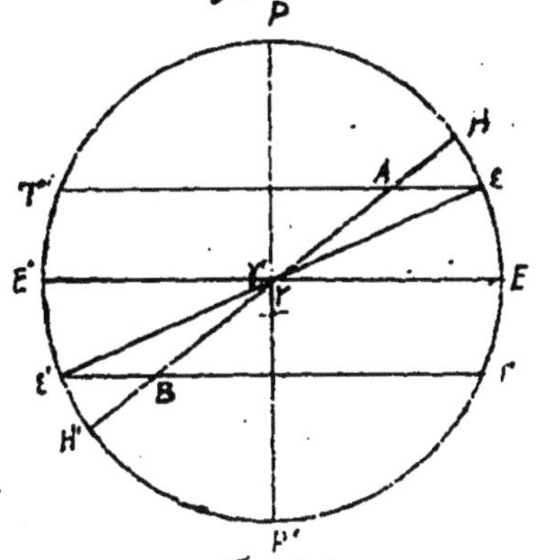

Fig. 34.

62. Les saisons au pôle. Au pôle l'horizon se confond avec l'équateur EE'. Tant que le soleil se trouve sur l'arc d'écliptique γεγ', c'est-à-dire, de l'équinoxe de printemps à l'équinoxe d'automne, il reste constamment au-dessus de l'horizon, il en fait le tour en 24 heures, décrivant dans le ciel une spirale, d'abord montante jusqu'au solstice, puis descendante : la plus grande hauteur qu'il atteint est de 23°27'. Arrivé au point γ', il disparaît, et décrit ses spires sous l'horizon, de l'équinoxe d'automne à l'équinoxe de printemps. Chaque pôle a donc alternativement un jour de 6 mois et une nuit de 6 mois.

63. Les saisons aux latitudes intermédiaires. A la latitude de Paris, qui est de 49° environ, l'horizon HH' fait avec la ligne des pôles un angle égal. Lorsque le soleil se trouve en γ, au point équinoxial de printemps, ce jour-là il décrit l'équateur EE', qui est partagé par l'horizon en deux parties égales : le jour est donc égal à la nuit. Lorsque, trois mois plus tard, le soleil est au solstice d'été ε, ce jour-là il décrit le tropique εT, partagé par l'horizon en deux arcs inégaux; l'arc TA au-dessus de l'horizon est beaucoup plus grand que l'arc Aε : le jour est plus long que la nuit. Pendant que le soleil est venu de γ en ε, le jour, d'abord égal à la nuit, a grandi continuellement aux dépens de la nuit : c'était le printemps. Trois mois après, le soleil est revenu à l'équateur au point γ' : le jour est redevenu égal à

la nuit. Pendant que le soleil est venu de ε en γ', le jour a diminué au profit de la nuit, tout en restant plus grand qu'elle : c'était l'été. Trois mois après, le soleil est venu en ε' : il n'a plus à décrire au-dessus de l'horizon que l'arc ε'B : le jour est plus court que la nuit ; il a été plus court, et a diminué continuellement, pendant que le soleil est venu de γ' en ε' : c'était l'automne. Enfin, pendant que le soleil va de ε' en γ, le jour, plus petit que la nuit, augmente d'une manière continue, jusqu'à ce que, le soleil arrivant au point γ, il redevienne égal à la nuit : cette période est l'hiver.

On voit sur la figure qu'au solstice d'hiver le soleil se lève au point qui se projette en B, tout près du sud, et ne s'élève au-dessus de l'horizon que de l'arc H'ε' ; aux équinoxes il se lève au point qui se projette au centre, juste à l'est, et s'élève au-dessus de l'horizon de l'arc H'E' ; au solstice d'été il se lève au point qui se projette en A, tout près du nord, et s'élève au-dessus de l'horizon de l'arc H'T'.

Du reste, la différence entre les saisons est d'autant plus grande que la latitude est plus élevée, puisque cette différence est presque nulle à l'équateur, et extrême au pôle.

Il est évident que les saisons sont inverses pour les deux hémisphères ; quand nous avons l'été, les habitants de l'hémisphère austral sont en hiver ; quand nous avons le printemps, ils sont en automne.

64. Les zones terrestres. D'après la manière dont le soleil apparaît sur l'horizon aux différentes latitudes, on a partagé la terre en cinq zones.

Il y a d'abord la zone torride, qui s'étend des deux côtés de l'équateur jusqu'à la latitude de 23°27'. Le caractère de cette zone est que pour tous les lieux qu'elle contient le soleil passe au zénith deux fois par an. En effet, si à l'équateur la verticale est dans le plan équatorial, pour un lieu dont la latitude est moindre que 23°27', la verticale s'écarte de l'équateur d'un angle moindre aussi, le zénith se trouve entre le point E et le point T' (Fig. 34), et le soleil y passe deux fois par an, en allant vers le solstice, et en revenant vers l'équateur.

Il y a ensuite les deux zones glaciales : ce sont des calottes sphériques, qui s'étendent autour de chaque pôle à une distance de 23° 27'. Le caractère de ces zones, c'est que pour tous les lieux qu'elles contiennent, il y a en été un jour de plus de 24 heures, et en hiver une nuit d'égale durée. En effet, si au pôle l'horizon coïncide avec l'équateur, pour les lieux dont la distance au pôle est moindre que 23° 27', l'horizon s'écarte de l'équateur d'un angle moindre aussi ; il traverse les arcs εE, ε'E'. Par conséquent dans les environs du solstice d'été le soleil fait ses révolutions diurnes tout entières au-dessus de l'horizon, et l'on a un jour de plus de 24 heures ; dans les environs du solstice d'hiver il se tient au-dessous de l'horizon, et l'on a une nuit de plus de 24 heures.

Enfin il y a deux zones tempérées, qui vont dans chaque hémisphère de la zone torride à la zone glaciale, larges chacune de 90° − 2 × (23° 27') ou de 43° 6'. Pour les lieux de ces zones jamais le soleil ne monte jusqu'au zénith, et jamais il ne passe 24 heures sans se lever et se coucher une fois.

65. Influence de l'atmosphère sur la longueur du jour. Nous avons expliqué (63) la cause principale qui détermine la longueur relative des jours et des nuits ; mais il y a une autre cause qui augmente le jour aux dépens de la nuit : c'est l'atmosphère, qui agit par réfraction et par diffusion.

La réfraction atmosphérique (9) fait paraître les astres plus haut qu'ils ne sont : à l'horizon elle les relève de 33' 47". Or le diamètre apparent du soleil est moindre que cet angle (49) : il en résulte que le matin le soleil nous paraît levé tout entier, lorsque son bord supérieur n'a pas encore atteint l'horizon ; et le soir nous le voyons encore tout entier, que déjà il est descendu au-dessous. De là une augmentation du jour le matin et le soir.

De plus, lorsque le soleil est à une certaine distance au-dessous de l'horizon, et que ses rayons ne peuvent pas nous arriver directement, ils peuvent encore nous arriver par diffusion. En effet, s'ils arrivent directement sur les couches supérieures de l'atmosphère qui sont au-dessus de l'horizon, celles-ci vivement éclairées nous éclairent par diffusion, comme l'air et les nues nous éclairent en plein jour à l'ombre ; il peut même se faire que la couche d'air qui nous éclaire ne soit elle-même éclairée que par une autre couche d'air. Cette lumière diffuse s'appelle le crépuscule ; le matin, c'est l'aurore ; le soir, c'est la brune. Le matin le crépuscule commence quand le centre du soleil est à 18° au-dessous de l'horizon, et son éclat augmente à mesure que le soleil monte : c'est l'inverse le soir. De là une seconde et considérable prolongation du jour.

La durée de ce double allongement du jour varie beaucoup avec la latitude. Comme à l'équateur le soleil monte et descend perpendiculairement à l'horizon, c'est là qu'il met le moins de temps pour monter ou s'abaisser d'une quantité donnée, 2 minutes pour 33'47", 1 heure 12 minutes pour 18°. Au pôle, où le soleil tourne en spirale, et ne s'élève ou ne s'abaisse que dans la mesure où croît et décroît sa déclinaison, il met aux équinoxes un jour et demi pour s'élever ou s'abaisser de 33'47", un mois et demi pour s'élever ou s'abaisser de 18°. Aussi la nuit polaire, qui devrait être de six mois, n'est complète que pendant trois mois ; et encore est-elle éclairée la moitié de ce temps par la lune. Dans les latitudes intermédiaires le laps de temps varie avec la latitude, et aussi avec les saisons ; il est plus long aux solstices qu'aux équinoxes.

À la latitude de 49°, le soleil ne descend pas de 18° au-dessous de l'horizon au solstice d'été ; car il ne descend que de l'arc $H\varepsilon$ (Fig. 34) ; or $H\varepsilon = PE - PH - \varepsilon E = 90° - 49° - 23°27' = 17°33'$. Par conséquent à cette époque le crépuscule du soir n'est pas fini, que déjà l'aurore commence.

66. <u>Explication des saisons dans le mouvement réel</u>. Nous avons expliqué les saisons dans l'hypothèse du mouvement

apparent du soleil autour de la terre : ce mouvement étant vrai en tant que relatif, notre explication est légitime ; cependant il est intéressant de voir comment les choses se passent dans le mouvement réel.

Supposons le soleil en S (Fig. 35), et la terre décrivant autour de lui dans le sens de la flèche une orbite à peu près circulaire ; sa ligne des pôles PP' fait avec le plan de l'orbite un angle de 90° − 23°27', ou de 66°33', et elle se transporte parallèlement à elle-même. Il y a un point de l'orbite, A, où le rayon vecteur SA est perpendiculaire à PP' : alors les deux pôles sont également éclairés par le soleil ; c'est un équinoxe, celui de printemps. Quand le rayon vecteur a tourné de 90°, et que la terre est venue en B, le pôle nord P est en pleine lumière, le pôle sud est dans la nuit ; c'est le solstice d'été. Au point C, diamétralement opposé au point A, les deux pôles sont de nouveau également éclairés : c'est l'équinoxe d'automne. Au point D, diamétralement opposé au point B, le pôle nord P est dans la nuit, et le pôle sud P' en pleine lumière : c'est le solstice d'hiver.

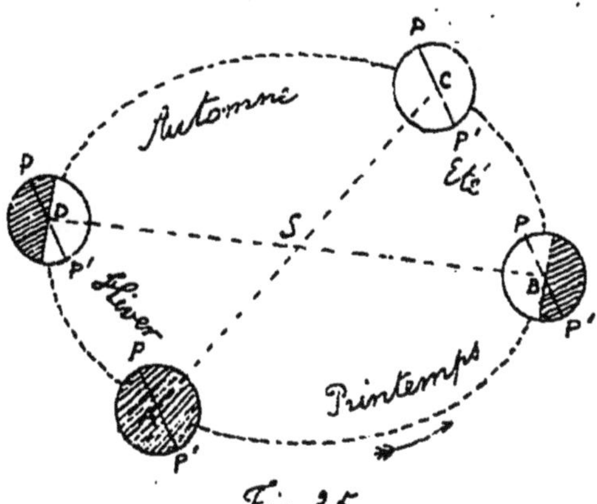

Fig. 35

67. Date des saisons, leur inégalité. En 1890

le printemps a commencé	le 20 mars à 3 h. 50 m. du soir,
l'été	le 21 juin à 0 h 3 m du soir,
l'automne	le 23 septembre à 2 h 32 m du matin,
l'hiver	le 21 décembre à 8 h 54 m. du soir.

D'une année à l'autre ces dates varient soit de 6 heures environ, soit de 18 ; mais la durée des saisons change peu. On voit que cette durée n'est pas la même pour les quatre saisons. Actuellement le printemps dure en moyenne 92 j 21 h, l'été 93 j

14 h, l'automne 89 j 19 h, l'hiver 89 j 0 h. La saison chaude pour notre hémisphère, composée du printemps et de l'été, est donc plus longue d'environ 8 jours que la saison froide : c'est l'inverse pour l'hémisphère austral. Il en résulte une assez grande différence de température moyenne entre les deux hémisphères.

Cette inégalité des saisons vient de la forme elliptique de l'orbite apparente du soleil $\gamma \varepsilon \gamma' \varepsilon'$ (Fig. 36). L'observation montre que le soleil est au périgée A vers le 1er janvier, une dizaine de jours après le solstice d'hiver ε' ; à l'apogée A' vers le 1er juillet, une dizaine de jours après le solstice d'été ε. La ligne des solstices $\varepsilon\varepsilon'$ fait donc avec le grand axe AA' un angle de 10° environ ; la ligne des équinoxes $\gamma\gamma'$ est perpendiculaire à la ligne des solstices. Les saisons étant les temps que le soleil met à parcourir les arcs $\gamma\varepsilon$, $\varepsilon\gamma'$, $\gamma'\varepsilon'$, $\varepsilon'\gamma$, il résulte de la loi des aires que les saisons sont proportionnelles aux surfaces $\gamma T \varepsilon$, $\varepsilon T \gamma'$, $\gamma' T \varepsilon'$, $\varepsilon' T \gamma$. Ces surfaces sont évidemment inégales. Par ordre de grandeur croissante, les saisons se rangent ainsi : hiver, automne, printemps, été.

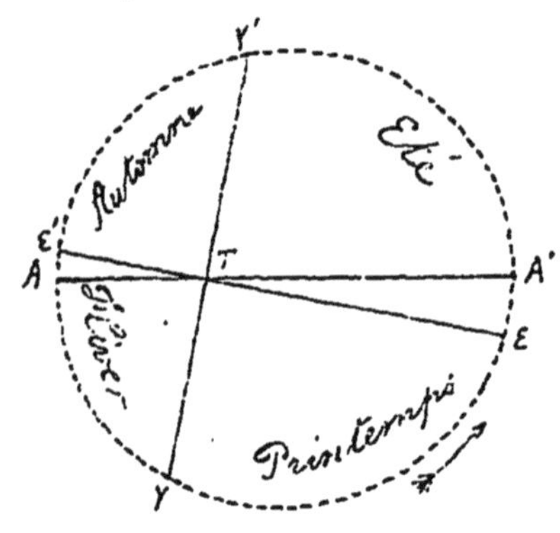

Fig. 36

Cette durée relative des saisons varie lentement avec le temps, parce que la position des solstices et des équinoxes par rapport au grand axe varie elle-même. Par la précession des équinoxes le point γ marche sur l'écliptique dans le sens γA avec une vitesse de 50",2 par an (55) ; d'autre part le grand axe AA' tourne autour du point T dans le sens direct $A\gamma$ avec une vitesse de 11",7 par an (51). Pour cette double raison les deux points A et ε' s'éloignent l'un de l'autre : vers l'an 1250 de notre ère ils coïncidaient ; dans 4000 ans les points A et γ coïncideront : alors l'hiver et le printemps seront égaux, l'été et l'automne seront égaux aussi, et ces deux dernières saisons seront les plus longues.

Chapitre quatrième.
Mesure du temps.

---

68. Jour solaire vrai. Pour mesurer le temps, on le divise en périodes d'égale longueur, distinguées par quelque phénomène remarquable. Nous avons déjà vu le jour sidéral (19) : dans les usages ordinaires de la vie, on emploie de préférence le jour solaire.

Le jour solaire vrai est le temps qui s'écoule entre deux passages consécutifs du soleil au méridien.

Ce jour est plus grand que le jour sidéral, à cause du mouvement propre du soleil sur la sphère d'occident en orient. En effet, si aujourd'hui le soleil passe au méridien d'un lieu en même temps qu'une étoile, demain lorsque le cercle horaire de l'étoile passera de nouveau au méridien, le soleil ne sera plus sur ce cercle horaire, il sera un peu à l'est, et il s'écoulera encore quelque temps, près de 4 minutes en moyenne, avant que lui-même passe au méridien.

69. Inégalité des jours solaires vrais. Les jours solaires vrais ne sont pas tout à fait égaux entre eux ; et cela tient à deux causes, à ce que la vitesse du soleil sur l'écliptique est inégale, et à ce que l'écliptique est oblique par rapport à l'équateur.

L'excès du jour solaire sur le jour sidéral, qui est toujours rigoureusement égal à lui-même, vient du mouvement propre du soleil sur l'écliptique ; mais ce mouvement n'est pas uniforme ; sa plus grande vitesse est au périgée vers le 1er janvier, sa plus petite à l'apogée vers le 1er juillet. Cette raison tend à rendre les jours solaires plus longs en hiver qu'en été.

Quand même la vitesse du soleil sur l'écliptique serait constante, les jours solaires seraient encore inégaux, parce que l'excès du jour solaire sur le jour sidéral n'est pas proportionnel à l'arc décrit par le soleil sur l'écliptique, mais à la projection de cet arc sur l'équateur ; or la projection de cet arc est tantôt plus petite, tantôt plus grande que l'arc lui-même. Considérons deux arcs égaux pris sur l'écliptique (Fig. 37), l'un γA commençant au point équinoxial, l'autre $B\varepsilon$ se terminant au point solsticial. Le premier est plus grand que sa projection $\gamma A'$; car le triangle sphérique $\gamma AA'$ est sensiblement un triangle plan et rectangle, dont γA est l'hypoténuse. Le second $B\varepsilon$ est plus petit que sa projection $B'E$; car les deux arcs $B\varepsilon$ et $B'E$ sont sensiblement deux arcs parallèles interceptés par les cercles PBB' et $P\varepsilon E$; or l'espace compris entre ces cercles va en augmentant du pôle à l'équateur.

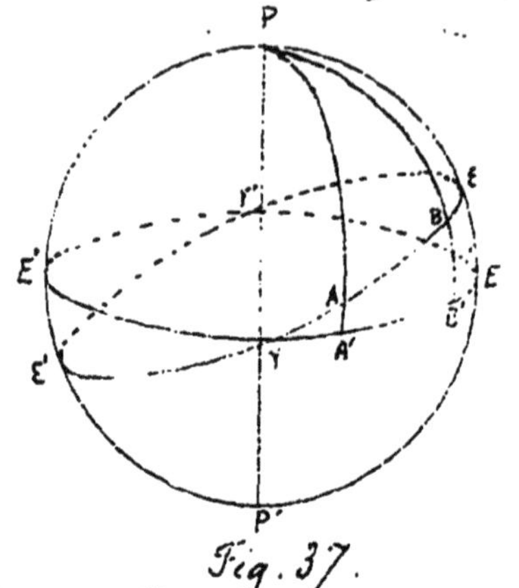

Fig. 37.

Cette seconde raison tend à rendre les jours solaires plus longs aux solstices qu'aux équinoxes.

Les deux causes réunies font que le jour solaire vrai le plus long se trouve vers le 23 décembre, et le plus court vers le 16 septembre.

70. *Jour solaire moyen.* Une bonne horloge, devant faire ses révolutions dans des temps égaux, ne peut pas être astreinte à suivre le jour solaire vrai, qui varie continuellement ; on la règle d'après le jour solaire moyen, et voici les conventions adoptées pour faire disparaître les deux causes d'inégalité du jour solaire vrai.

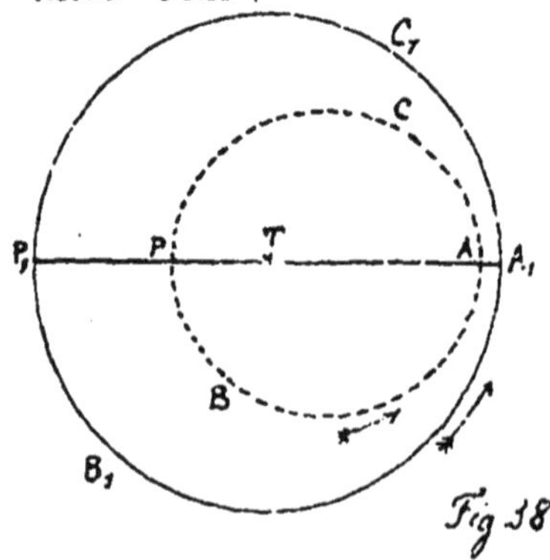

Fig 38

Pendant que le soleil vrai parcourt dans l'espace son orbite elliptique $PBAC$ (Fig. 38), avec une vitesse réglée par la loi des aires, on suppose un soleil fictif parcourant sur la sphère la circonférence de l'écliptique $P_1B_1A_1C_1$, avec une vitesse constante et dans le même temps ;

on suppose que le soleil vrai et le soleil fictif passent en même temps au périgée P ou P_1, et à l'apogée A ou A_1. Ainsi est éliminée la première cause d'inégalité.

Pendant que ce premier soleil fictif parcourt la circonférence de l'écliptique γεγ'ε' (Fig. 37), on suppose un second soleil fictif parcourant la circonférence de l'équateur γEγ'E' avec une vitesse constante et dans le même temps ; on suppose que les deux soleils fictifs passent ensemble aux points équinoxiaux et solsticiaux. Ainsi est éliminée la seconde cause d'inégalité.

Nos horloges doivent être réglées d'après la marche de ce second soleil fictif ; elles doivent marquer midi lorsqu'il passe au méridien. Ce dernier soleil est le soleil moyen ; son midi est le midi moyen, tandis que l'instant où le soleil vrai passe au méridien est le midi vrai ; le jour moyen est le temps qui s'écoule entre deux passages consécutifs du soleil moyen au méridien ; le temps moyen est le temps exprimé en jours moyens et en divisions du jour moyen.

71. Équation du temps. On appelle équation du temps la différence qu'il y a chaque jour entre l'heure solaire moyenne et l'heure solaire vraie. Cette différence est calculée par les astronomes et consignée dans des tableaux ; par exemple, dans l'Annuaire du Bureau des Longitudes, il y a pour chaque jour de l'année, sous le titre Temps moyen à midi vrai, l'heure que doit marquer une horloge à midi vrai.

Tantôt l'heure moyenne avance sur l'heure vraie, et l'avance va jusqu'à 14 m 28 s le 11 février ; tantôt elle retarde, et le retard va jusqu'à 16 m 21 s le 2 novembre ; les deux heures coïncident quatre fois par an, le 15 avril, le 15 juin, le 31 août et le 25 décembre.

72. Cadran solaire. Le cadran solaire est un instrument destiné à indiquer l'heure solaire vraie au moyen de l'ombre projetée par une tige parallèle à la ligne des pôles sur une surface plane exposée au soleil. Aujourd'hui la principale

utilité des cadrans solaires est de vérifier la marche des horloges au moyen de l'équation du temps. Leur construction est un problème de géométrie très intéressant, mais trop compliqué pour être traité ici.

73. Gnomon. Le gnomon est un instrument plus simple, destiné à indiquer au moyen de l'ombre, non plus toutes les heures du jour, mais le midi vrai. Il consiste en une tige verticale fixée sur une tablette horizontale, et en une méridienne tracée sur la tablette à partir du pied de la tige. A midi vrai l'ombre de la tige se projette sur la méridienne. Ou bien c'est un disque métallique percé d'un trou, maintenu par une tige de fer à 50 centimètres en avant d'un mur, de telle manière qu'il soit à peu près perpendiculaire à la direction des rayons solaires à midi; sur le mur est tracée une ligne verticale, intersection du mur avec le plan méridien qui passe par le trou. A midi vrai les rayons solaires qui passent par le trou dessinent sur le mur un petit cercle lumineux dont le centre se trouve sur la ligne verticale. Nous avons dit (21) comment on peut sans théodolite déterminer la direction du méridien. Le gnomon peut servir comme le cadran solaire à vérifier la marche des horloges.

74. Année. On appelle année le temps que met le soleil à faire une révolution autour de la terre sur l'écliptique.

Outre l'année civile, dont nous parlerons à propos du calendrier, on distingue en astronomie trois sortes d'année.

L'année sidérale est le temps que met le soleil parti du cercle de latitude d'une étoile pour y revenir. Elle est en jours solaires moyens de 365j,256374.

L'année tropique est le temps que met le soleil parti d'un point équinoxial pour y revenir. Comme les points équinoxiaux marchent à la rencontre du soleil, l'année tropique est plus courte que l'année sidérale; elle est en moyenne de 365j,2422166, ou de 365j, 5h 48m 47s,5.

L'année anomalistique est le temps que met le soleil parti

du périgée pour y revenir. Comme le périgée se déplace, et marche dans le même sens que le soleil, l'année anomalistique est plus longue que l'année sidérale; elle est de 365 j, 259611.

De ces trois années, la plus importante pour les usages de la vie est l'année tropique, parce qu'elle détermine les saisons.

Chapitre cinquième.
Le soleil considéré en lui-même.

---

75. Parallaxe du soleil. La parallaxe d'un astre (de παραλλάσσω, varier) est la différence entre le lieu où l'astre paraît, vu de la surface de la terre, et le lieu où il paraîtrait, vu du centre de la terre. Ainsi l'astre A (Fig. 39), pour un observateur placé en B, paraît dans la direction BA: vu du centre de la terre, il paraîtrait dans la direction TA: si nous menons BA' parallèle à TA, l'angle A'BA est la parallaxe de l'astre. On voit que la parallaxe a pour effet de faire paraître l'astre moins élevé au-dessus de l'horizon HH'.

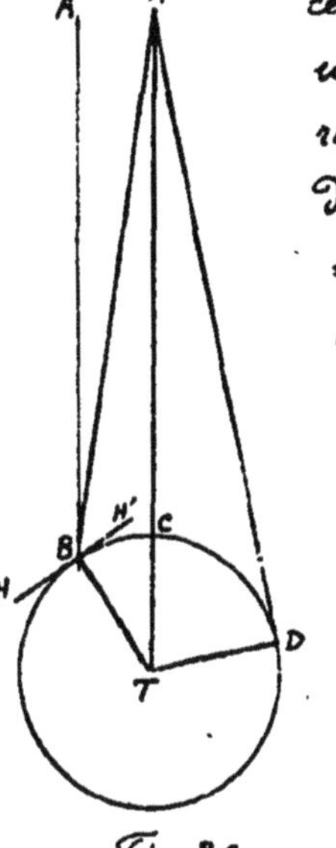

Fig. 39.

On peut dire aussi que la parallaxe d'un astre pour un lieu donné sur la terre est l'angle sous lequel un observateur placé au centre de l'astre verrait le rayon de la terre qui aboutit au lieu donné. Cette définition convient en effet à l'angle BAT, égal à l'angle A'BA, dont il est alterne-interne.

La parallaxe varie en raison inverse de la distance de l'astre.

Pour un même astre, la parallaxe varie avec la distance zénithale. Si l'astre est au zénith, comme l'astre A pour le lieu C, elle est nulle; si l'astre est à l'horizon, comme pour le lieu D, elle atteint sa valeur maximum; on l'appelle dans ce cas la parallaxe horizontale, ou simplement la parallaxe.

D'après les évaluations les plus récentes, la parallaxe horizontale du soleil est en moyenne de 8",86 : c'est l'angle sous lequel du centre du soleil on verrait un rayon équatorial de la terre perpendiculaire à la ligne de visée.

76. Distance du soleil à la terre. La distance d'un astre se déduit de sa parallaxe. La parallaxe du soleil est de 8",86. Ainsi le rayon équatorial de la terre, placé sur une circonférence dont le rayon serait la distance du soleil à la terre, occuperait un arc de 8",86.

Soit r le rayon de la terre, soit d la distance du soleil : on a

$$\frac{2\pi d \times 8,86}{360 \times 60 \times 60} = r \; ; \text{ d'où } \; d = \frac{360 \times 60 \times 60}{2\pi \times 8,86} r = 23280\, r .$$

En remplaçant r par sa valeur 6378 km, on a

$$d = 148\,000\,000 \text{ km environ.}$$

Pour nous faire une idée de cette distance, supposons un chemin de fer établi de la terre au soleil, et un train marchant continuellement avec une vitesse de 60 km à l'heure : il lui faudrait près de trois siècles (282 ans) pour franchir cet espace. La lumière le franchit en 8 m 13 s.

Cette distance est une distance moyenne. L'excentricité de l'orbite terrestre étant d'environ $\frac{1}{60}$ (51), la distance du soleil à la terre varie en plus ou en moins de $\frac{1}{60}$ de sa valeur moyenne.

77. Rayon du soleil. Le soleil est un astre parfaitement sphérique, car le disque qu'il nous présente est toujours circulaire sans aplatissement sensible ; jamais par exemple on n'a pu constater de différence entre le diamètre horizontal et le vertical.

On trouve la valeur de son rayon en comparant son diamètre apparent et sa parallaxe. Son diamètre apparent est en moyenne de 32' 3",64 ; sa parallaxe moyenne étant de 8",86, le diamètre apparent de la terre vu du soleil serait le double, ou 17",72. Ces diamètres apparents, correspondant à une même distance, sont proportionnels aux diamètres réels : le rayon du soleil est donc au rayon équatorial de la terre comme 32' 3",64 est à 17",72 ; il vaut 108,559 rayons équatoriaux ou 692 428 km.

La lune n'étant distante en moyenne que de 60 rayons terrestres, si le centre du soleil coïncidait avec celui de la terre, non seulement le soleil engloberait la lune, mais sa surface irait presque deux fois plus loin.

78. Volume du soleil. Si la terre était parfaitement sphérique comme le soleil, le volume du soleil serait à celui de la terre comme $108,559^3$ est à l'unité. Le rapport vrai diffère peu de celui-là : le volume du soleil est égal à 1283744 fois celui de la terre.

79. Masse du soleil. Pour déterminer la masse du soleil par rapport à celle de la terre, on suppose ce principe de Newton, que les corps s'attirent en raison directe des masses, et en raison inverse du carré des distances.

A l'équateur, l'attraction de la terre fait tomber les corps dans la première seconde de chute de 4m,8905 ; s'il n'y avait pas la force centrifuge, ils tomberaient de 4m,9074. A la distance du soleil, la terre ferait tomber les corps de $4m,9074 : 23280^2$, ou de 0m,000 000 009 055.

Voyons de combien à la même distance le soleil fait tomber la terre. On peut supposer sans grande erreur que la terre décrit une circonférence autour du soleil S (Fig. 40). Soit A sa position à un instant donné. Sans l'attraction du soleil elle suivrait la tangente, et au bout d'une seconde elle serait en B ; si de fait elle se trouve en C, c'est que le soleil l'a fait tomber vers lui de la quantité BC. On peut facilement calculer la valeur de BC, et on trouve BC = 0m,00294302.

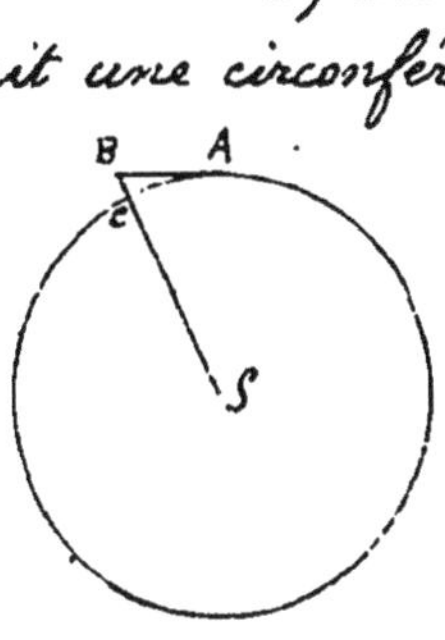

Fig. 40.

La masse du soleil est donc à celle de la terre comme 0,00294302 est à 0,000 000 009 055. Ce rapport est égal à 325017. Mais ce résultat n'est qu'approximatif : le rapport exact, obtenu par des méthodes plus précises, est 324439.

80. Densité du soleil. Si nous divisons la masse du soleil par son volume, nous aurons sa densité moyenne rapportée à celle de la terre : elle est de 0,253. Celle de la terre étant d'environ 5,5 par rapport à l'eau, celle du soleil par rapport à l'eau est 5,5 × 0,253, ou 1,4 environ.

81. Pesanteur solaire. La pesanteur à la surface d'un astre dépend de la masse de cet astre et de son rayon. A la surface du soleil la pesanteur est 27,625, si l'on prend pour unité la pesanteur terrestre ; cela veut dire qu'une masse d'un kg à la surface du soleil produirait sur le ressort d'un dynamomètre la même déformation qu'une masse de 27 kg,625 à la surface de la terre.

82. Chaleur du soleil. On peut mesurer directement, et d'une manière assez exacte, la quantité de chaleur reçue du soleil en une heure par un décimètre carré placé à la surface de la terre ; de là, en tenant compte de l'absorption qui s'est faite dans l'atmosphère, on peut déduire la chaleur totale que le soleil rayonne en un an dans l'espace. On trouve que cette chaleur suffirait à fondre une couche de glace de 8000 km d'épaisseur qui recouvrirait le soleil.

Un rayonnement d'une telle puissance suppose une température très élevée. Une autre preuve que la température du soleil est beaucoup plus élevée que celle des foyers les plus intenses que nous puissions avoir sur terre, c'est que le fer, qui ne fond qu'à 1500°, est à l'état de vapeur dans les couches superficielles du soleil, c'est-à-dire, dans les couches les moins chaudes. Le P. Secchi évalue à 5 millions de degrés environ la température moyenne du soleil.

D'où vient cette énorme chaleur, et comment s'entretient-elle de sorte que le rayonnement du soleil soit resté sensiblement le même depuis les temps historiques ?

Elle vient sans doute de la chute des éléments constitutifs du soleil, qui, d'abord disséminés dans un vaste espace, et poussés vers le centre par leur attraction mutuelle, s'y sont réunis peu à peu en s'entrechoquant. Le calcul montre que cette chute a dû développer une chaleur égale à 15 millions de fois celle que le soleil dépense annuellement. Elle s'entretient en partie par la chute d'astéroïdes qui continuent à y tomber, et peut-être aussi par une contraction progressive de la masse solaire, contraction qui équivaudrait à une chute de ses éléments les uns sur les autres. Toutefois ces deux causes ne paraissent pas compenser actuellement le rayonnement, le soleil paraît être entré déjà dans la période de refroidissement, car il appartient à la classe des étoiles jaunes.

Il est probable que la radiation ne se fait pas seulement aux dépens de la surface; il doit y avoir une circulation intérieure de la matière solaire, qui amène continuellement la chaleur du centre à la surface. Cette circulation se fera tant que le soleil ne sera pas trop dense; à mesure que sa densité augmentera, la circulation deviendra de moins en moins active, elle finira par s'arrêter; alors l'enveloppe se refroidira rapidement, le soleil se recouvrira d'une croûte solide, qui se noircira et s'épaissira toujours plus: ce sera un astre éteint.

83. <u>Couches dont se compose le soleil</u>. On distingue dans le soleil cinq couches différentes: ce sont, en allant du centre à la périphérie, la masse centrale, la photosphère, l'atmosphère absorbante, la chromosphère, et l'atmosphère coronale.

La masse centrale se dérobe à nos investigations directes; c'est là sans doute que sont réunis les matériaux les plus lourds; c'est là aussi que la chaleur est le plus intense; et sous l'influence de la chaleur cette partie est probablement gazeuse comme le reste.

La photosphère est la couche qui rayonne dans l'espace la lumière et la chaleur; c'est elle qui pour notre vue dans les conditions ordinaires délimite le soleil; c'est là que se trouvent les lucules et les facules; c'est là que se forment les taches.

L'atmosphère absorbante est une couche gazeuse, peu épaisse, bien moins lumineuse que la photosphère, qui absorbe et retient dans le soleil une grande partie de la lumière et de la chaleur émises par la photosphère. Elle se manifeste par des raies brillantes dans le spectre pendant les éclipses totales, au moment où la photosphère vient d'être cachée ou va reparaître, et par les raies noires qu'elle produit en temps ordinaire dans le spectre solaire par son absorption. Ces raies noires, qu'on peut étudier à loisir, montrent qu'elle se compose d'hydrogène, et de vapeurs de fer, de nickel, de calcium, de magnésium, de sodium, etc. Il est probable que les mêmes vapeurs, et celles des métaux plus denses se retrouvent encore plus bas.

Au-delà est la chromosphère, enveloppe gazeuse, épaisse de 1800 lieues, pâle, rose, composée surtout d'hydrogène incandescent.

Plus loin encore, et s'étendant à une distance énorme, est une dernière atmosphère, dite coronale, beaucoup plus raréfiée, beaucoup moins chaude. Elle se compose encore d'hydrogène, avec une multitude d'astéroïdes, lumineux par réflexion, qui gravitent vers le soleil, et qui viennent passer près de lui, ou même tomber sur lui. Elle est sillonnée par les protubérances.

84. <u>Taches du soleil</u>. La première chose qu'on découvrit en étudiant le soleil avec des lunettes, ce sont des taches de toute forme et de toute grandeur, qui y naissent, grandissent, se déforment, se dédoublent ou se réunissent, diminuent et disparaissent, après avoir duré plus ou moins longtemps, quelquefois cinq à six semaines. Quelques-unes ont un diamètre dix fois plus grand que celui de la terre. Au début une tache est très mouvementée, de forme souvent irrégulière; dans la seconde phase de son existence elle devient ordinairement ronde. La partie centrale est plus sombre, on l'appelle le noyau; le bord est un mélange de lignes noires et de lignes lumineuses, on l'appelle la pénombre. Mais l'obscurité des taches solaires n'est que relative; leur éclat est encore 2000 fois plus grand que celui de la lune.

Souvent une tache apparaît toute formée au bord oriental

taches en s'interposant comme un écran entre la photosphère et nous. Au début l'éruption est violente, c'est pourquoi la tache est irrégulière, mouvementée; peu à peu l'éruption se calme, l'écoulement est plus paisible ou même cesse tout à fait, les vapeurs redescendent sur la photosphère, y forment un amas comparable à une goutte d'huile sur l'eau, c'est pourquoi la tache devient ronde; enfin les vapeurs métalliques se dissolvent dans la photosphère ou s'enfoncent dans les couches plus profondes, et c'est ainsi que la tache diminue et disparaît.

Cette dernière hypothèse semble s'adapter mieux aux faits.

88. Rotation du soleil. Le mouvement des taches du soleil sur son disque nous a fait reconnaître (84) que le soleil tourne sur lui-même dans le même sens que la terre. Son équateur fait avec l'écliptique un angle de 7° environ. La durée de la rotation du soleil n'est pas égale à la révolution apparente d'une tache, car le mouvement de la terre autour du soleil modifie le phénomène. L'examen attentif des taches et des facules a montré que le soleil ne tourne pas tout d'une pièce comme un corps solide; sa vitesse de rotation décroît de l'équateur aux pôles; la région équatoriale met à peu près 25 jours pour faire sa révolution, les régions rapprochées des pôles mettent jusqu'à 31 jours.

89. Mouvement du soleil dans l'espace. On croit que le soleil se meut dans l'espace, emportant avec lui son cortège de planètes, et qu'il se dirige actuellement vers la constellation d'Hercule, avec une vitesse d'au moins 30 km par seconde. En effet, les étoiles qui se trouvent dans cette partie du ciel paraissent s'écarter un peu les unes des autres, tandis que celles de la région opposée paraissent se rapprocher.

Livre troisième
La Lune

Chapitre premier
Phases de la lune.

90. Description des phases. On appelle phases de la lune les différents aspects sous lesquels elle se présente à nous dans le cours d'un mois environ.

A certain jour, la lune a disparu ; puis on la voit reparaître à l'ouest, un peu après le coucher du soleil, près de se coucher elle-même, sous la forme d'un croissant très mince dont les pointes sont tournées vers l'est à l'opposé du soleil : c'est la nouvelle lune.

A partir de cette époque, la lune s'éloigne du soleil vers l'est ; elle se couche chaque jour plus tard, et chaque jour le croissant augmente d'épaisseur, jusqu'à ce que, vers le 7e jour, il soit devenu un demi-cercle lumineux, dont la convexité est tournée vers l'ouest. Alors la lune passe au méridien à 6 h. du soir. C'est le premier quartier.

Les jours suivants, la lune continue à s'éloigner du soleil vers l'est, et en même temps le demi-cercle obscur s'illumine progressivement. Vers le 14e jour, la lune se lève lorsque le soleil se couche, passe au méridien à minuit, et elle se présente alors sous la forme d'un cercle lumineux. C'est la pleine lune.

Puis la lune se lève de plus en plus tard dans la nuit, et l'ombre envahit peu à peu la partie occidentale de son disque. Vers le 21e jour, elle passe au méridien à 6 h. du matin, et ne nous présente plus qu'un demi-cercle lumineux, le demi-cercle oriental. C'est le dernier quartier.

Enfin ce demi-cercle s'entame lui-même par l'intérieur : il

décrient un croissant de plus en plus mince, dont les pointes sont tournées vers l'ouest. Alors aussi le lever de la lune ne précède plus celui du soleil que d'un temps de plus en plus court, jusqu'à ce qu'elle disparaisse, et redevienne nouvelle, pour recommencer les mêmes phases.

La période de temps pendant laquelle la lune passe par toutes ces phases, s'appelle une lunaison.

91. Explication des phases. Les divers aspects s'expliquent aisément, en admettant d'abord que la lune est une sphère obscure par elle-même, éclairée par le soleil, et dont nous ne pouvons voir que les parties qui sont à la fois éclairées par le soleil, et tournées vers nous; et ensuite qu'elle décrit, en un mois environ, de l'ouest à l'est, une orbite à peu près circulaire autour de la terre, orbite qui, au lieu d'englober le soleil, passe entre le soleil et la terre.

En effet, supposons le soleil à une distance très grande, vers le haut de la figure 41, envoyant des rayons parallèles sur la terre et la lune, dont il éclaire toujours une moitié; soient la terre supposée immobile en T, et la lune décrivant autour d'elle la circonférence ABCDEFGH.

Lorsque la lune est en A, nous ne voyons rien de l'hémisphère éclairé.

Lorsqu'elle est en B, nous apercevons le fuseau Bbb', qui se projette sur le ciel sous la forme d'un croissant. En effet le plan de projection est perpendiculaire à la ligne TB; la demi-circonférence dont le rayon est Bb', parallèle au plan de projection, se projette suivant une demi-circonférence; mais la demi-circonférence dont le rayon est Bb, oblique au plan de projection, se projette suivant une demi-ellipse.

En C, nous voyons le fuseau Ccc', moitié de l'hémisphère éclairé, qui se projette suivant un demi-cercle.

En D, nous voyons le fuseau Ddd', qui se projette suivant demi-cercle et une demi-ellipse.

En E, nous voyons tout l'hémisphère éclairé, qui se projette

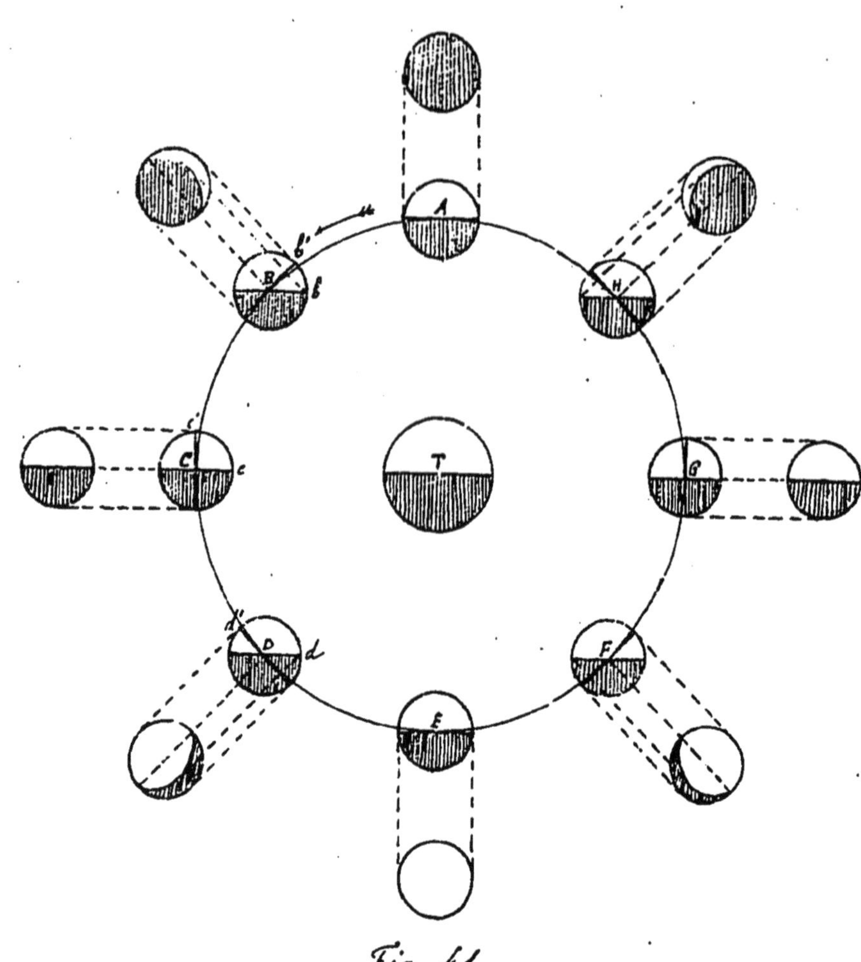

Fig. 41.

suivant un cercle.

Dans l'autre moitié de l'orbite, les mêmes phases se reproduisent dans l'ordre inverse.

92. Conjonction, opposition, quadrature. On dit que deux astres sont en conjonction, quand leur longitude est la même; en opposition, quand elle diffère de 180°; en quadrature, quand elle diffère de 90°. Les astres dont il s'agit ordinairement, quand on parle de conjonction et d'opposition, ne s'écartent pas, ou s'écartent peu de l'écliptique; de sorte que deux astres en conjonction sont, ou peu s'en faut, l'un derrière l'autre; deux astres en opposition sont, ou peu s'en faut, diamétralement opposés.

La conjonction de la lune avec le soleil détermine l'instant précis de la nouvelle lune, l'opposition celui de la pleine lune, les quadratures celui du premier et du dernier quartier.

Cette définition scientifique de la nouvelle lune modifie un peu le sens originaire du mot : d'après le sens originaire, la lune serait nouvelle quand elle commence, un jour ou deux après la conjonction, à reparaître le soir sous la forme d'un croissant très délié, et c'est ainsi que l'entendaient les peuples anciens.

La conjonction et l'opposition de la lune s'appellent les syzygies.

93. Lumière cendrée. On appelle lumière cendrée une lumière qui éclaire faiblement la partie obscure de la lune quelques jours avant et après la conjonction, et nous permet d'apercevoir à côté du croissant le reste du disque lunaire. Cette lumière est d'autant plus faible que la lune est plus loin du soleil, à l'est ou à l'ouest ; elle disparaît vers les quadratures.

Cette lumière n'est autre que la lumière solaire renvoyée par la terre sur la lune, comme la lune en renvoie sur la terre. On peut voir sur la figure 41 que les phases des deux astres, l'un par rapport à l'autre, sont toujours inverses. C'est donc à l'époque de la nouvelle lune que la lumière cendrée doit être le plus forte.

Quand on voit, l'un à côté de l'autre, un croissant brillant et le reste du disque éclairé par la lumière cendrée, le croissant paraît avoir un diamètre plus grand : c'est une pure illusion de l'œil, due au phénomène physiologique de l'irradiation.

Chapitre second.
Mouvements de la lune.

---

94. Mouvement de la lune sur la sphère. L'étude des phases de la lune nous a montré que la lune a sur la sphère à travers les constellations un mouvement propre de l'ouest à l'est, beaucoup plus rapide que celui du soleil. Pour s'en rendre

un compte exact, on emploie la même méthode que pour le soleil (44). Pendant une ou plusieurs lunaisons, on détermine l'ascension droite et la déclinaison de la lune chaque fois qu'elle passe au méridien, on reporte ses positions sur une sphère céleste, et on les relie par un trait continu. On voit ainsi que la lune fait le tour du ciel en un mois environ, que la courbe qu'elle décrit sur la sphère, LnL'n' (Fig. 42), est à peu près la circonférence d'un grand cercle, et que le plan de ce grand cercle fait avec l'écliptique εε' un angle d'environ 5° 9'.

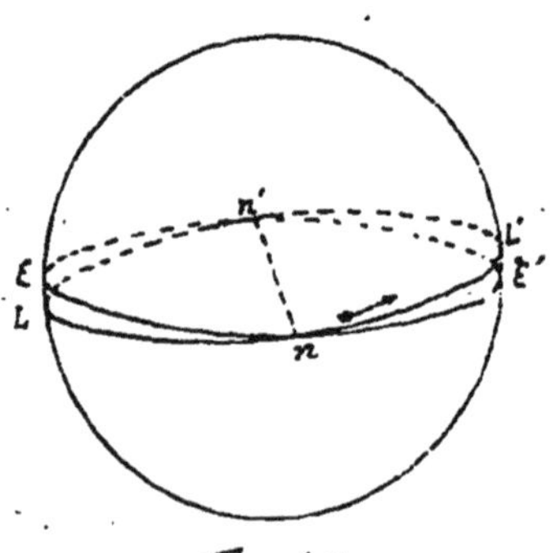

Fig. 42

On appelle ligne des nœuds la ligne d'intersection nn' du plan de l'orbite lunaire avec l'écliptique : il y a le nœud ascendant n, et le nœud descendant n' ; le premier est le point où se trouve la lune quand elle va passer au nord de l'écliptique, le second est le point où elle se trouve quand elle va passer au sud.

95. <u>Orbite décrite par la lune dans l'espace autour de la terre.</u> Cette circonférence décrite par la lune sur la sphère n'est que la projection sur la sphère de l'orbite qu'elle décrit dans l'espace autour de la terre ; pour déterminer la forme de cette orbite, il faut tenir compte du diamètre apparent de la lune.

Son diamètre apparent varie beaucoup ; il est en moyenne de 31' 8",18 ; en 1890 sa plus grande valeur a été de 33' 31",6 ; sa plus petite de 29' 26",4.

Si l'on applique à la lune la même méthode qu'au soleil (50) : si pour chaque position observée on attribue à la lune une distance de la terre inversement proportionnelle à son diamètre apparent, et qu'on relie tous les points ainsi déterminés par un trait continu, on a une courbe semblable à celle qu'elle décrit autour de la terre. Or on constate que c'est une ellipse, dont la terre occupe un des foyers, et dont l'excentricité est de 0,0549 ou à peu près de $\frac{1}{18}$.

La vitesse de la lune est soumise aussi à la loi des aires (52).

96. Principales inégalités de la lune. Les résultats que nous venons de donner ne sont que des résultats moyens ; en réalité le mouvement de la lune, quand on veut l'exprimer d'une manière exacte, est beaucoup plus compliqué. L'action du soleil sur la lune écarte toujours plus ou moins la lune de la route qu'elle suivrait, si elle n'avait à obéir qu'à l'action de la terre. Ces écarts s'appellent des inégalités, et les principales inégalités peuvent se résumer en cette formule : Tandis que la lune décrit son ellipse dans le sens direct, les dimensions et l'excentricité de cette ellipse varient périodiquement, la ligne des apsides tourne autour de la terre dans le sens direct, et le plan de l'ellipse oscille lui-même, de manière que son axe décrive un cône autour de l'axe de l'écliptique dans le sens rétrograde.

Le mouvement des apsides de l'orbite lunaire autour de la terre est analogue à celui des apsides de l'orbite terrestre autour du soleil (51) ; mais il est beaucoup plus rapide, car il ne met que 9 ans à peine pour accomplir une révolution.

Le mouvement d'oscillation du plan de l'orbite lunaire est analogue à celui du plan de l'équateur par rapport à l'écliptique (55) ; il en résulte un mouvement rétrograde de la ligne des nœuds analogue à la précession des équinoxes, mais beaucoup plus rapide ; car un nœud parcourt l'écliptique en 18 ans et demi environ.

Le mouvement d'oscillation du plan de l'orbite lunaire fait que l'angle de ce plan avec l'équateur varie continuellement ; il peut aller de 23°27' + 5°9' à 23°27' − 5°9', ou de 28°36' à 18°18'.

97. Révolutions lunaires. On distingue pour la lune plusieurs sortes de révolutions.

La révolution sidérale est le temps qui s'écoule entre deux passages consécutifs de la lune au cercle de latitude d'une même étoile ; elle est en moyenne de 27j 7h 43m 11s,5. En divisant 360° par cette durée, on a la vitesse angulaire moyenne de la lune : elle est de 13°10'35" par jour. Ce mouvement s'accélère un peu de siècle en siècle, mais il décroîtra plus tard.

La révolution synodique est le temps qui s'écoule entre deux conjonctions consécutives de la lune avec le soleil. Cette période est plus longue que la précédente ; car, si au moment d'une conjonction le soleil et la lune se trouvent sur le cercle de latitude d'une étoile, lorsque, 27 jours 1/3 plus tard, la lune est revenue à ce même cercle, le soleil n'y est plus, il s'est avancé vers l'est de 27° environ, et il faut encore 2 jours à la lune pour l'atteindre. La révolution synodique dure en moyenne 29 j 12 h 44 m 2 s, 9.

La révolution anomalistique est le temps qui s'écoule entre deux passages consécutifs de la lune au périgée. Cette période est aussi plus longue que la révolution sidérale, parce que le périgée marche vers l'est et fuit devant la lune. Elle est de 27 j 13 h 18 m 37 s, 4.

98. Trajectoire de la lune dans l'espace. Le mouvement que nous venons de décrire est le mouvement de la lune par rapport à la terre ; mais la lune est emportée par la terre dans son mouvement de translation autour du soleil. Ces deux mouvements autour de la terre et autour du soleil coexistent, et ils donnent pour résultante une trajectoire unique. Si dans l'espace d'une lunaison la terre parcourt autour du soleil

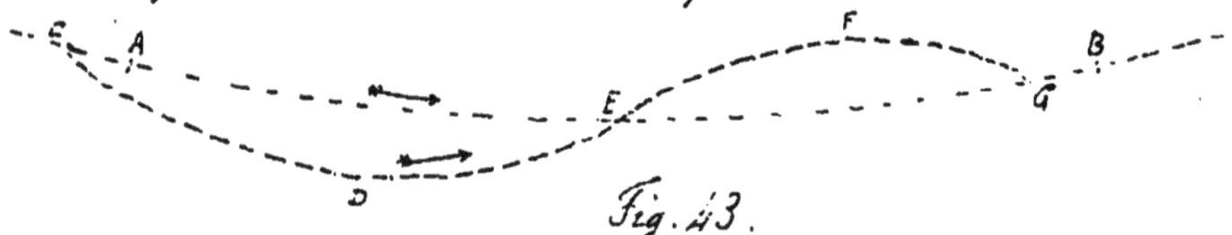

Fig. 43.

l'arc AB (Fig. 43), la lune parcourra la courbe CDEFG ; il y a premier quartier en C, pleine lune en D, dernier quartier en E, nouvelle lune en F, et premier quartier en G. Mais, comme la distance de la lune à la terre est 400 fois moindre que celle de la terre au soleil (100), la trajectoire de la lune ne s'écarte pas autant, proportion gardée, de l'orbite terrestre, que la figure l'indique ; elle s'en écarte si peu qu'elle tourne toujours sa concavité vers le soleil comme l'orbite terrestre elle-même.

99. Mouvement de rotation. La lune tourne sur elle-même

dans le sens direct, et cette rotation s'exécute juste dans le même temps que la révolution sidérale. La preuve, c'est que nous voyons toujours, et que de temps immémorial les hommes ont toujours vu la même face de la lune. C'est comme si un homme parcourait indéfiniment une circonférence en tournant toujours le côté gauche vers le centre ; il tournerait sur lui-même dans le même temps qu'il décrirait la circonférence ; car à chaque circonférence il aurait regardé successivement tous les points de l'horizon.

Chapitre troisième.
La lune considérée en elle-même.

100. <u>Distance de la lune à la terre</u>. La lune est assez rapprochée de nous, pour qu'on puisse déterminer sa distance par des procédés semblables à ceux dont on se sert pour les objets situés sur la terre.

Soient la terre sphérique en T (Fig. 44), et la lune en L. Supposons que deux observateurs se placent en deux points A et B situés sur le même méridien, à une grande distance l'un de l'autre, et que le même jour, lorsque la lune passe au méridien, ils observent sa distance zénithale Z et Z'. Ils ont ainsi les éléments nécessaires pour déterminer le quadrilatère TALB. En effet la somme des latitudes AE et BE donne l'angle ATB, les observations faites ont donné les angles Z et Z', et par suite TAL et TBL ; on connaît TA et TB, c'est le rayon de la terre. On peut donc construire un quadrilatère semblable au quadrilatère TALB, ou résoudre celui-ci par des calculs trigonométriques.

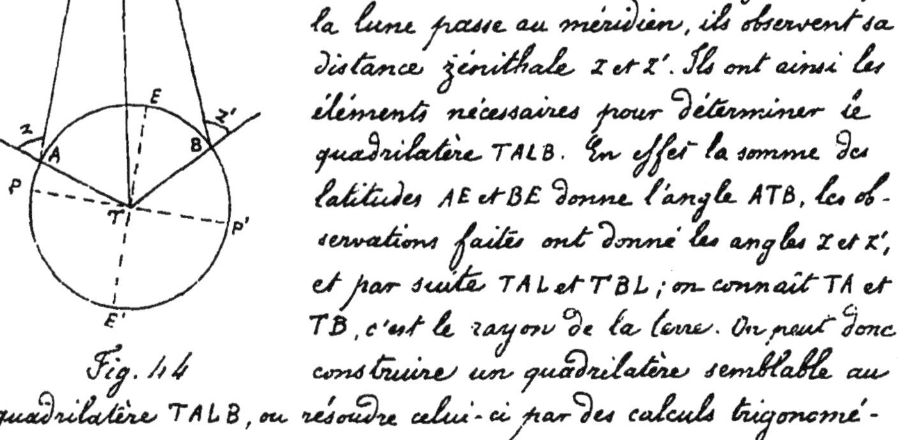

Fig. 44

Il est vrai qu'il faut faire à ces calculs des corrections, parce que les conditions que nous avons supposées, ne sont jamais réalisées en pratique : la terre n'est pas sphérique, et les deux observateurs ne peuvent pas se placer exactement sur le même méridien.

Cette détermination a été faite pour la première fois avec précision par Lalande et Lacaille, qui observaient la lune en même temps, l'un de Berlin, l'autre du Cap de Bonne-Espérance, en 1756.

La distance moyenne de la lune à la terre est de 60,2745 rayons terrestres ; on peut dire qu'elle est d'environ 60 rayons terrestres, ou de 95000 lieues. Elle est à peu près 400 fois moindre que la distance du soleil.

On sait que la distance de la lune n'est pas constante, parce que la lune décrit une ellipse autour de la terre, et parce que les dimensions et l'excentricité de l'ellipse varient elles-mêmes un peu (96). La distance de la lune varie entre 56 et 64 rayons terrestres environ.

Il y a une autre quantité intimement liée à la distance de la lune, c'est sa parallaxe, c'est-à-dire, l'angle sous lequel du centre de la lune on verrait le rayon équatorial de la terre (75). La parallaxe de la lune est en moyenne de 57′2″.

101. <u>Dimensions de la lune, sa masse, sa densité</u>. Connaissant d'une part la distance de la lune, et d'autre part son diamètre apparent, il est facile de calculer son diamètre réel. A la distance de 60,2745 rayons terrestres, le diamètre de la lune est vu sous un angle de 31′8″ (95) ; on peut donc le considérer comme formant un arc de 31′8″ sur une circonférence dont le rayon est 60,2745, et un calcul très simple de géométrie en donne la longueur. On trouve ainsi que le rayon de la lune est égal à 0,273, le rayon de la terre étant pris pour unité.

Les volumes des sphères étant proportionnels au cube de leurs rayons, le volume de la lune est à celui de la terre comme $0,273^3$ ou 0,02 est à 1.

Le rapport des masses, déterminé par des considérations d'un autre ordre, est encore plus faible ; il n'est que 0,013.

La densité moyenne de la lune est donc 0,013 : 0,02 ou 0,615 par rapport à la terre, ou 5,5 × 0,615 = 3,38 par rapport à l'eau.

La pesanteur à la surface de la lune n'est que 0,174, en prenant pour unité la pesanteur à la surface de la terre.

102. Montagnes de la lune. A l'œil nu, la lune nous offre sur un fond brillant de grandes taches grisâtres toujours les mêmes. On avait d'abord pris ces taches pour des mers ; on croit aujourd'hui que ce sont des plaines, qui à cause de la nature du sol réfléchissent moins bien la lumière solaire.

Dans le champ d'un télescope la lune paraît tout autre. On aperçoit très nettement des endroits plus fortement éclairés, et projetant de l'ombre du côté opposé au soleil : ce sont évidemment des montagnes, et la longueur de l'ombre a permis d'en calculer la hauteur. On a constaté ainsi que 22 montagnes de la lune sont plus hautes que le Mont-Blanc. C'est dans l'hémisphère austral de la lune que se trouvent les plus hautes.

La plupart des montagnes de la lune ressemblent à des cirques ; on voit le bord circulaire plus éclairé, et l'ombre descendant sur la paroi intérieure opposée au soleil. Il y en a de toutes les grandeurs, depuis des cirques à peine visibles dans les télescopes et grands comme les cratères de nos volcans, jusqu'à des circonvallations qui ont 100 et 200 km de diamètre. L'intérieur est creux, et descend souvent à un niveau beaucoup plus bas que la plaine environnante ; il semble que le rempart circulaire se soit formé par une éruption qui aurait rejeté les matériaux du dedans au dehors. Du fond de plusieurs cirques s'élèvent des cônes, dont plusieurs ont 4 et 5 000 m de haut ; quelques cirques paraissent en partie remplis de sable, ou encombrés de quartiers de roches.

Çà et là de larges crevasses sillonnent le sol : on les appelle des rainures.

Tous ces accidents de terrain ont été mesurés et relevés avec soin, et on a construit des cartes lunaires très détaillées. Chaque plaine a son nom : il y a la Mer de la Sérénité, l'Océan des Tempêtes, etc., dénominations adoptées à une époque où l'on croyait à l'existence des mers dans la lune, et conservées depuis par habitude. Chaque montagne a aussi son nom : il y a les Alpes, les Apennins, le Copernic, le Newton, etc.

Jamais un nuage lunaire ne vient voiler ces plaines ou ces montagnes ; jamais l'aspect de ces paysages ne change : du moins c'est à grand'peine qu'on peut constater parfois quelque petit changement, comme un éboulement de rochers.

103. Absence d'atmosphère. La lune n'a pas d'atmosphère ; car elle n'a pas de crépuscule. De plus, si elle avait une atmosphère tant soit peu dense, lorsqu'elle vient à passer devant une étoile, les rayons de l'étoile se réfracteraient dans cette atmosphère lors de l'immersion et de l'émersion, et la durée de l'occultation en serait abrégée : or l'occultation dure exactement le temps que doit mettre la lune pour passer tout entière devant l'étoile : donc la lune n'a pas d'atmosphère, ou n'a qu'une atmosphère extrêmement raréfiée, moins dense que l'air restant dans le récipient d'une machine pneumatique quand on y a fait le vide.

Elle n'a pas non plus de liquides, car si elle en avait, ils se vaporiseraient dans le vide, et formeraient ainsi une atmosphère à la lune.

Sans atmosphère et sans liquides, la vie y est impossible, du moins telle que nous la concevons.

Il n'en a probablement pas toujours été ainsi ; car on croit voir en certains endroits de la lune des terrains stratifiés ; or la stratification ne se fait qu'au sein des eaux. Le sol de la lune, plus poreux que celui de la terre, aura avec le temps absorbé toute l'eau qui était à sa surface, et les gaz de son atmosphère.

Chapitre quatrième
Les éclipses

104. Éclipses de lune, leur cause. On appelle éclipse la disparition momentanée d'un astre, en tout ou en partie.

La lune s'éclipse, lorsqu'au moment de l'opposition elle traverse l'ombre que la terre projette derrière elle.

Soient le soleil en S, et la terre en T (Fig. 45). Concevons un cône ABC tangent à la terre et au soleil : toute la partie de ce cône qui se trouve derrière la terre, ne peut recevoir directement aucun rayon du soleil : c'est le cône d'ombre. Concevons encore deux cônes

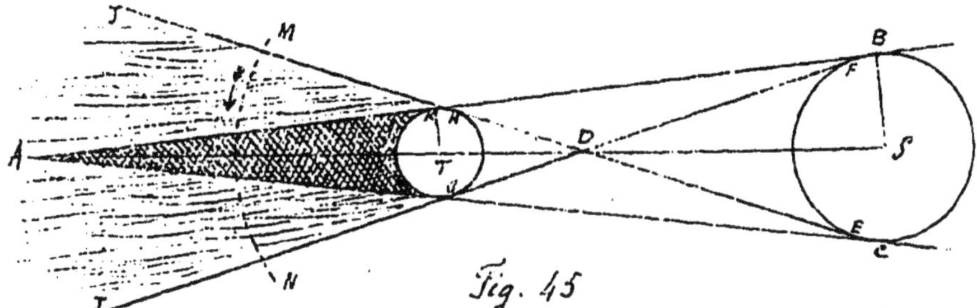

Fig. 45

opposés par leur sommet D, l'un DEF tangent au soleil, l'autre DIJ tangent à la terre, et se prolongeant indéfiniment : tous les points de ce dernier cône qui se trouvent derrière la terre, sans être compris dans le cône d'ombre, ne voient qu'une partie du soleil, une partie d'autant plus petite qu'ils sont plus près du cône d'ombre : c'est le cône de pénombre.

Si donc il arrive que la lune, en suivant son orbite MN, traverse le cône d'ombre, ne recevant plus la lumière du soleil, elle perd tout son éclat, il y a éclipse.

105. Conditions de possibilité de l'éclipse. Pour qu'il y ait éclipse de lune, il faut d'abord que le cône d'ombre soit assez long pour atteindre l'orbite lunaire. Évaluons donc AT.

Les triangles semblables ASB et ATK nous donnent, en appelant r le rayon de la terre, et R celui du soleil :

$$\frac{AT}{AS} = \frac{2}{R}, \text{ ou } \frac{AT}{AS-AT} = \frac{2}{R-2}, \text{ ou } \frac{AT}{TS} = \frac{2}{R-2}, \text{ ou } \frac{AT}{23280\,r} = \frac{2}{108,5\,r-2}$$

$$\text{d'où } AT = \frac{23280\,r}{107,5} \text{ ou } AT = 216\,r$$

La distance la plus grande de la lune à la terre ne dépassant pas 64 r, cette première condition est toujours remplie.

Pour qu'il y ait éclipse totale de lune, il faut encore qu'à la distance 64 r le cône d'ombre soit assez large pour envelopper toute la lune. Or si désignons par x le rayon d'une section de ce cône à la distance 64 r, nous aurons

$$\frac{x}{r} = \frac{216-64}{216} = \frac{152}{216} = 0,704 \; : \; \text{d'où } x = 0,704\,r.$$

Le rayon de la lune n'étant que 0,273 r, cette seconde condition est aussi toujours remplie.

Si donc la lune décrivait son orbite dans le plan de l'écliptique, il y aurait éclipse totale de lune à chaque opposition. Mais l'orbite de la lune faisant avec l'écliptique un angle de 5°9', il arrive le plus souvent que la lune passe soit au nord, soit au sud du cône d'ombre, et qu'il n'y a pas éclipse. Pour qu'il y ait éclipse, il faut une troisième condition, qu'au moment de l'opposition la lune se trouve sur l'écliptique, c'est-à-dire, à l'un de ses nœuds, ou dans le voisinage. Quand sa latitude est moindre que 52'23", l'éclipse est nécessaire; quand elle dépasse 1°2' 35", l'éclipse est impossible; entre ces deux limites tantôt elle a lieu, tantôt elle n'a pas lieu; cela dépend des distances variables de la terre au soleil, et de la lune à la terre.

106. <u>Description d'une éclipse de lune</u>. Quand la lune doit s'éclipser, comme elle marche dans le ciel de l'ouest à l'est, c'est par son bord oriental qu'elle rencontre d'abord les cônes d'ombre et de pénombre. Elle commence par s'obscurcir graduellement dans le cône de pénombre; puis quand elle atteint le cône d'ombre, elle s'entame, s'échancre, comme si un cercle noir d'un diamètre deux ou trois fois plus grand l'envahissait peu à peu de l'est à l'ouest; dans les éclipses totales le disque de la lune se recouvre tout entier, dans les éclipses partielles le cercle noir ne passe que sur la partie nord ou la partie sud du disque. Les mêmes

phases se reproduisent en sens inverse dans la seconde moitié de l'éclipse.

Dans une éclipse totale la lune met environ une heure pour entrer dans le cône d'ombre; elle peut rester jusqu'à 1h 3/4 dans le cône d'ombre; puis elle met encore une heure pour en sortir.

La séparation sur le disque lunaire entre l'ombre et la pénombre n'est pas nettement tranchée, de sorte qu'il est difficile de constater l'instant précis où un point de la lune entre dans l'ombre ou en sort.

Même dans le cône d'ombre, la lune n'est pas complètement invisible, et elle a une teinte rougeâtre. En effet les rayons solaires qui traversent l'atmosphère, comme le rayon AB (Fig. 46), se ré-

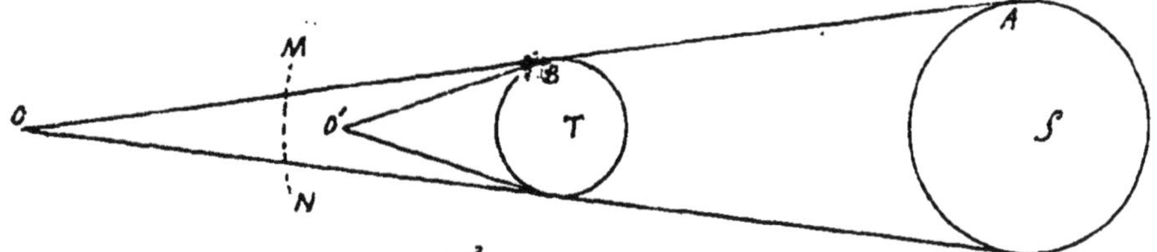

Fig. 46

fractent en y entrant et en en sortant, et ils s'infléchissent dans le cône d'ombre; ils se réfractent d'autant plus qu'ils traversent des couches plus basses; ceux qui arrivent à raser presque la terre, se réfractent de 2 fois 33'47" (9), et leur point d'intersection O' derrière la terre n'est qu'à une distance de la terre égale à 42 rayons terrestres. La région du cône traversée par la lune suivant l'arc MN est donc encore éclairée par le soleil; mais la lumière y est faible, parce qu'elle a été fort diminuée par l'absorption atmosphérique, et dispersée par la réfraction sur une plus grande surface; elle y est rouge, parce qu'elle a perdu plus des radiations violettes et bleues que des autres.

Il est évident qu'une éclipse de lune, soit totale, soit partielle, est visible en même temps et de la même manière de tous les points de l'hémisphère terrestre tourné vers la lune.

107. Eclipses de soleil, leur cause. Il y a éclipse de soleil, lorsque la lune vient se placer entre le soleil et la terre, et nous

cache le soleil en tout ou en partie; ce phénomène ne peut donc avoir lieu qu'au moment de la conjonction, à la nouvelle lune.

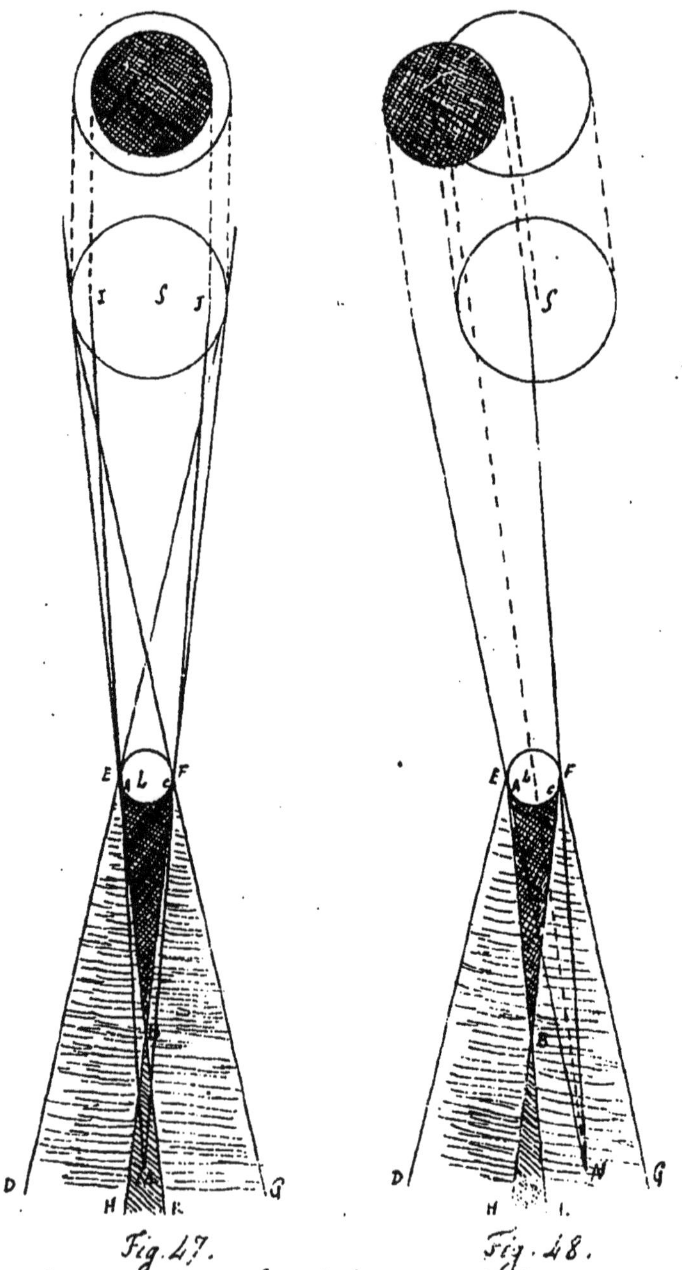

Fig. 47.   Fig. 48.

Supposons donc le soleil en S et la lune en L (Fig. 47). Derrière la lune s'allongent un cône d'ombre BAC, et un cône de pénombre DEFG; il faut aussi considérer en particulier le cône BHK formé par le prolongement du cône d'ombre au-delà de son sommet.

Dans le cône d'ombre ABC aucun rayon de soleil ne peut pénétrer; il y a donc éclipse totale de soleil pour un observateur placé en un point quelconque de ce cône.

Supposons un observateur placé dans le cône BHK, en un point M par exemple, sur l'axe même du cône. Si du point M nous menons un cône MIJ tangent à la lune, ce cône comprendra la partie centrale du soleil, et comme tout ce qui est à l'intérieur de ce cône est caché par la lune, l'observateur placé en M ne verra que les contours du soleil, formant une couronne de lumière autour du disque noir de la lune. on dit qu'il y a éclipse annulaire.

Il y a éclipse centrale, lorsque le centre de la lune se projette sur le centre du soleil; elle peut du reste être totale ou annulaire. Elle a lieu pour tous les points situés sur l'axe même du cône BAC ou de son prolongement BHK.

Considérons enfin un observateur placé dans le cône de pénombre; en un point N (Fig. 48). Si du point N nous menons un cône tangent à la lune, ce cône comprend une partie du soleil d'autant plus grande, que le point N est plus rapproché du cône d'ombre; pour l'observateur placé en N le disque du soleil parait échancré par un cercle noir : il y a éclipse partielle.

Il y aura donc pour la terre éclipse totale de soleil, éclipse annulaire, ou éclipse partielle, selon que la terre pénétrera dans le cône d'ombre BAC, ou dans son prolongement BHK, ou dans le cône de pénombre DEFG.

108. Conditions de possibilité de l'éclipse. Une condition pour qu'il y ait éclipse de soleil, c'est que la lune au moment de la conjonction se trouve sur l'écliptique, ou du moins n'en soit pas trop éloignée; sans quoi les cônes d'ombre et de pénombre passeraient soit au nord soit au sud de la terre sans l'atteindre. Le plus souvent la lune est trop éloignée de l'écliptique, et il n'y a pas éclipse; quelquefois elle en est assez proche, pour

qu'au moins le cône de pénombre atteigne la terre, et il y a éclipse partielle ; quelquefois, la lune étant encore plus proche de l'écliptique, le cône d'ombre lui-même ou son prolongement atteint la terre, et il y a éclipse totale ou annulaire.

Une éclipse totale de soleil suppose que le cône d'ombre atteint la terre : mais est-il assez long pour cela ? On peut en calculer la longueur, comme nous l'avons fait pour le cône d'ombre de la terre, (105), et l'on trouve qu'elle varie entre 57,76 et 59,73, le rayon de la terre étant pris pour unité ; d'autre part la distance de la lune au centre de la terre varie entre 56 et 64 environ (100) ; quand la lune est au périgée, le cône d'ombre peut donc atteindre la terre ; il peut y avoir éclipse totale ; quand elle est à l'apogée, il ne peut pas l'atteindre, mais le cône opposé par le sommet peut l'atteindre, il peut y avoir éclipse annulaire.

109. Marche de l'éclipse. La lune étant beaucoup plus petite que la terre, et la rencontre de la terre se faisant à proximité du sommet du cône d'ombre, il n'y a jamais qu'une très petite région terrestre, en forme de cercle ou d'ellipse, qui soit couverte par le cône d'ombre ou par le cône opposé ; le cône de pénombre lui-même, large à peu près comme deux fois la lune, n'est pas assez vaste pour envelopper la terre ; de sorte que les éclipses de soleil sont toujours locales. Mais la lune s'avançant dans l'espace de l'ouest à l'est, son ombre s'avance aussi sur la terre de l'ouest à l'est, comme l'ombre d'un nuage poussé par le vent, et ainsi l'éclipse se produit successivement sur une bande de terre qui va de l'ouest à l'est. Dans les conditions les plus favorables, l'éclipse avec toutes ses phases peut durer environ six heures pour l'ensemble de la terre, quatre heures pour un lieu donné ; l'éclipse n'est totale en un lieu donné que pendant 8 minutes tout au plus à l'équateur, 6 m. à la latitude de Paris.

110. Description de l'éclipse. Quand il doit y avoir éclipse totale, c'est le bord occidental du soleil qui commence à s'entamer ; un disque noir d'un diamètre à peu près égal l'envahit

peu à peu en allant de l'ouest à l'est, et finit par le recouvrir tout entier : c'est alors le moment solennel de l'éclipse totale. Alors la nuit se fait subitement, une nuit assez sombre pour que les étoiles de première grandeur apparaissent. Au bout de quelques minutes, un rayon de lumière jaillit du bord occidental du soleil, tout reprend son éclat accoutumé, le disque tout entier du soleil se dégage peu à peu.

Le moment des éclipses totales du soleil est précieux pour les astronomes. C'est alors qu'on voit les parties du soleil extérieures à la photosphère, qui sont habituellement voilées par l'éclat incomparablement plus grand de la photosphère ; c'est au moment où l'éclipse totale commence ou finit, que l'atmosphère absorbante se révèle pendant un instant très court par des raies brillantes dans le spectroscope ; c'est alors qu'on voit la chromosphère avec ses protubérances, et enfin l'atmosphère coronale (83) ; c'est alors qu'on peut explorer les régions voisines du soleil à la recherche de ce qui peut s'y trouver.

Quand l'éclipse n'est que partielle, on voit le disque noir de la lune traverser une partie seulement du soleil, soit la partie nord, soit la partie sud, en allant de l'ouest à l'est.

On peut observer les phases d'une éclipse de soleil en regardant le soleil à travers une lame de verre recouverte de noir de fumée.

111. Périodicité des éclipses. Les éclipses de soleil et de lune dépendent donc de la distance de la lune à ses nœuds lors de la conjonction et de l'opposition. La ligne des nœuds marche dans le sens rétrograde, de manière à décrire l'écliptique en 18 ans et demi (96). On appelle révolution synodique des nœuds le temps compris entre deux passages consécutifs du soleil à un même nœud ; elle dure 346 j, 619. Or 19 de ces révolutions font 6585 j, 76, et 223 lunaisons font 6585 j, 32, le même temps à 10 h ½ près, 18 ans et 11 jours environ. Il en résulte que si une certaine conjonction du soleil et de la lune s'est faite sur un nœud, 223 lunaisons après, la conjonction se fera encore, à un demi-degré près, sur le même nœud ; et pendant la période suivante de 223 lunaisons, le soleil,

la lune et les nœuds repasseront à peu près par les mêmes positions relatives que pendant la période précédente, et les éclipses, de soleil et de lune, se reproduiront à peu près de la même manière.

Cette période était connue des astronomes chaldéens sous le nom de saros, et c'est par ce moyen que les anciens ont pu prédire avec assez d'exactitude les éclipses de lune. Quant aux éclipses de soleil, dont il faut déterminer par le calcul la marche sur la terre, ils ne savaient les prédire.

112. Fréquence des éclipses. Dans cette période de 223 lunaisons, il y a 70 éclipses, dont 29 de lune, et 41 de soleil. Pour la terre en général il y a plus d'éclipses de soleil que de lune. Car soient le soleil en S et la terre en T (Fig. 49) : concevons un cône tangent aux deux sphères. Il y a éclipse de soleil quelque part sur la terre chaque fois que la lune traverse la partie A de ce cône, et éclipse de lune quand elle traverse la partie B ; or la partie A étant plus large que la partie B, il y a plus de chances pour qu'elle traverse la première que la seconde. Mais pour un lieu donné de la terre, il y a plus d'éclipses de lune que de soleil, parce qu'une éclipse de soleil n'est visible que pour une faible partie d'un hémisphère, tandis que chaque éclipse de lune est visible pour tout un hémisphère, et même pour un peu plus, à cause de la rotation de la terre.

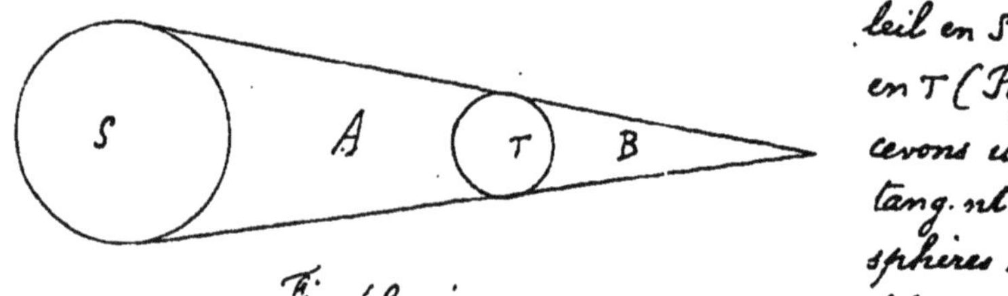

Fig. 49.

Chapitre cinquième
Influences de la lune sur la terre.

---

113. Description des marées. Le principal effet produit sur la terre par la lune est le phénomène des marées.

Sur les bords de l'Océan on voit deux fois par jour la mer s'élever et ses flots s'avancer sur le rivage, et deux fois la mer s'abaisser et ses flots se retirer. C'est ce qu'on appelle le flux et le reflux, la marée montante et la marée descendante. Cette période des deux flux et reflux ne dure pas exactement 24 heures, mais 24 h 50 m., le temps qui s'écoule entre deux passages consécutifs de la lune au méridien.

Le phénomène n'a pas toujours en un lieu donné la même intensité. On appelle hauteur de la marée la quantité dont la mer s'élève au-dessus de son niveau moyen : on l'obtient en prenant la demi-différence entre les niveaux qu'elle atteint à un flux et au reflux suivant. Or on remarque que dans chaque lunaison les plus hautes marées ont lieu un peu après la nouvelle et la pleine lune, les plus faibles un peu après le premier et le dernier quartier ; que dans chaque année les plus grandes marées sont celles qui ont lieu aux syzygies des équinoxes.

Il faut donc chercher la cause des marées dans l'action du soleil et de la lune, surtout de la lune.

114. Cause des marées. Supposons la terre sphérique, entièrement recouverte d'une couche d'eau (Fig. 50), et la lune à une grande distance vers la droite : soit AB un diamètre terrestre dirigé vers la lune. Considérons une molécule M dans l'hémisphère tourné vers la lune. La terre exerce sur cette molécule une attraction dirigée suivant MO, et qu'on peut représenter en intensité par la droite Me. Cette molécule, étant plus proche de la lune que le centre de la terre, est attirée par la lune avec plus de force ; et quand on veut comparer les deux points M et O, c'est comme si le centre n'était pas attiré du tout, et que le point M le fût avec une force égale à la différence des deux attractions : soit Mf cette différence. Les deux forces Me et

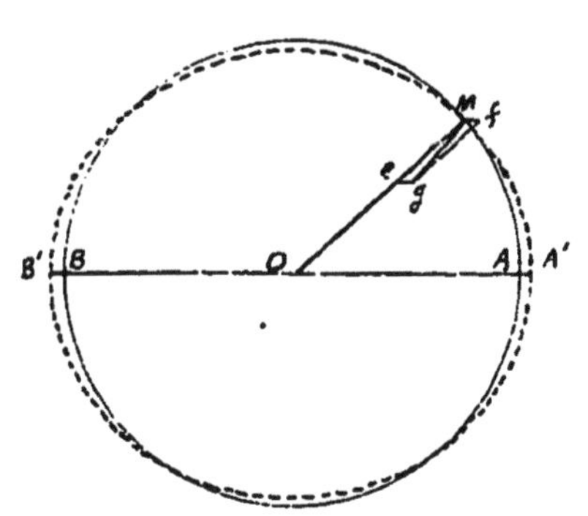

Fig. 50

Mf ont pour résultante Mg, la diagonale du parallélogramme construit sur les deux forces : au point M la pesanteur est donc déviée dans la direction Mg, et la surface liquide devra devenir perpendiculaire à Mg, au lieu de l'être à MO. Des actions analogues se produisant sur toute la surface, la terre ne restera pas sphérique, mais prendra la forme d'un ellipsoïde dont le grand axe A'B' sera dirigé vers la lune.

Concevons maintenant que la lune tourne autour de la terre en 25 heures, de l'est à l'ouest (tel est du moins son mouvement apparent) : le grand axe de notre ellipsoïde, suivant constamment la lune, se déplacera dans le même sens et avec la même vitesse ; et nous aurons sur un même point de la terre, en 25 heures, deux élévations de niveau et deux dépressions, deux marées montantes et deux descendantes.

Le soleil doit évidemment avoir sur la terre une action analogue ; mais s'il a une masse plus considérable, sa distance est plus grande ; or on démontre que la marée produite par un astre est proportionnelle à sa masse, et à peu près inversement proportionnelle au cube de sa distance. En partant de ce théorème, on trouve que l'action du soleil doit être seulement les 0,427 de celle de la lune. Celle de la lune est donc prépondérante.

Aux syzygies les actions de la lune et du soleil s'exercent dans le même sens ; aussi est-ce l'époque des grandes marées ; aux quadratures elles s'exercent en sens inverse : c'est l'époque des marées les plus faibles.

De plus la marée lunaire et la marée solaire sont d'autant plus fortes, que les deux astres sont plus rapprochés du plan de l'équateur : c'est pourquoi les plus fortes marées de l'année ont lieu aux syzygies voisines de l'équinoxe.

Telle est la théorie. En fait le phénomène se complique par la forme des mers et des rivages.

115. Hauteur de la marée selon les lieux. La marée ne peut se produire que dans une grande mer. En effet dans ce phénomène la mer est comme un niveau d'eau qui accuserait

la déviation de la pesanteur par la variation des hauteurs dans ses deux branches ; comme la déviation de la pesanteur est excessivement faible, il faut que le niveau d'eau soit très long pour donner des résultats appréciables. Aussi la marée est-elle à peine sensible dans la Méditerranée ; elle est tout à fait insensible dans la Mer Noire et la Mer Caspienne.

Théoriquement, dans l'ellipsoïde que l'action de la lune et du soleil sur les eaux tend à former, la plus grande différence de hauteur entre la marée haute et la marée basse n'est à l'équateur que de 0m,74. De fait, au milieu de l'Océan Pacifique, qui est pour ainsi dire une mer sans rivages, la différence n'est guère plus grande ; sur les côtes de l'Atlantique cette différence atteint parfois 13 mètres. C'est que les eaux de l'Atlantique, emprisonnées entre les deux continents, quand elles sont poussées vers l'est, et qu'elles se heurtent contre le rivage, vont plus loin et montent plus haut que la position d'équilibre en vertu de la vitesse acquise, surtout quand elles s'accumulent dans un golfe ou dans la Manche ; peu après elles sont ramenées vers l'ouest, d'abord par l'action de la pesanteur pour avoir dépassé la position d'équilibre, et par une impulsion de la lune vers l'ouest. Elles prennent ainsi un mouvement régulier d'oscillation, que l'influence continue des deux astres tend à accroître, et qu'elle accroît en effet, jusqu'à ce que le frottement des eaux et les chocs annulent les impulsions nouvelles.

C'est grâce à la persistance de la vitesse acquise, que les plus fortes marées ont lieu un jour et demi après les syzygies, et les plus faibles un jour et demi après les quadratures.

116. Heure de la marée, établissement du port. Sur nos côtes la marée n'a pas lieu partout à la même heure. Le flot se forme en pleine mer, et n'arrive que successivement à Brest, à Saint-Malo, à Cherbourg, à Honfleur, à Dieppe, à Calais, à Dunkerque, etc. De Brest à Dunkerque il y a une différence de 8h 27m. Le flot met près de 3 heures pour remonter dans la Gironde de Cordouan à Bordeaux.

La haute mer retarde donc plus ou moins sur le passage de la lune au méridien suivant les différents points de la côte, à raison des circonstances locales : mais ce retard varie peu pour un même point. On appelle Etablissement du port pour un point donné de la côte, le retard de la pleine mer sur le passage de la lune au méridien, le jour d'une syzygie équinoxiale. C'est une quantité qu'il importe aux marins de connaître, quand ils veulent entrer dans un port ou en sortir.

117. La lune et les changements de temps. Une opinion très répandue attribue à la lune une grande influence sur le temps : on croit que les changements de temps ont lieu aux quatre phases principales de la lune, surtout à la nouvelle lune et à la pleine lune. C'est une erreur. En principe on ne voit pas comment les phases de la lune pourraient modifier la sérénité de l'atmosphère, on ne pourrait alléguer que les marées atmosphériques : ces marées sont réelles, mais leur intensité ne dépasse pas l'intensité normale des marées de l'Océan, ce sont des marées d'un mètre (115), quantité absolument insignifiante. En fait les changements de temps ne se produisent pas plus souvent à l'époque des phases lunaires qu'à toute autre époque, comme le constatent les observations précises faites par les météorologistes.

118. La lune rousse. On appelle lune rousse la lune qui commençant en avril devient pleine à la fin d'avril ou en mai. On lui attribue la propriété de faire geler les plantes : c'est encore une erreur. A cette époque de l'année, si l'air est calme et le ciel serein, la température de l'air descend pendant la nuit jusqu'aux environs de zéro ; mais les plantes se refroidissent plus que l'air, parce qu'elles rayonnent mieux leur chaleur ; elles peuvent geler, alors qu'un thermomètre marque encore 2° ou 3° au-dessus de zéro. Cela se fait, pendant que la lune brille, et non pas parce qu'elle brille.

Chapitre sixième.
Le calendrier.

119. <u>Définitions</u>. On appelle calendrier l'ensemble des divisions et subdivisions périodiques du temps, adoptées par un peuple pour fixer la date des événements.

Il y a trois divisions naturelles du temps : le jour solaire vrai, la lunaison et l'année tropique. Le calendrier a trois périodes correspondantes : le jour civil, le mois et l'année civile. Le jour civil est la durée d'un jour solaire moyen, du moins depuis 1816 ; on le fait commencer à minuit, c'est-à-dire quand le soleil moyen passe à la partie inférieure du méridien, et on le divise en deux séries de 12 heures. Le mois est un nombre exact de jours, se rapprochant autant que possible de la lunaison. L'année civile est un nombre exact de jours, se rapprochant autant que possible de l'année tropique.

Etablir un calendrier consiste à coordonner ces trois périodes.

120. <u>Difficultés de la question du calendrier</u>. En cherchant à résoudre ce problème, les anciens ont échoué contre une première difficulté, celle de déterminer en jours la valeur exacte de la lunaison et de l'année tropique ; leurs observations et connaissances astronomiques n'étaient pas assez précises : de là de grandes imperfections dans leurs calendriers.

Il reste pour les modernes une autre difficulté : c'est que la lunaison n'est pas un nombre exact de jours, ni l'année tropique un nombre exact de jours ou de lunaisons.

121. <u>Trois sortes de calendriers</u>. On distingue trois sortes de calendriers : les calendriers solaires, dans lesquels on cherche avant tout à faire concorder l'année civile avec l'année tropique, en sacrifiant la concordance des mois avec les lunaisons ; les calendriers lunaires, dans lesquels on fait concorder les mois avec les lunai-

sons, en sacrifiant la concordance de l'année civile avec les saisons; et les calendriers luni-solaires, dans lesquels on conserve le mieux possible les deux concordances.

Le calendrier julien et le grégorien sont solaires, le calendrier musulman est lunaire, le calendrier israélite est luni-solaire.

122. Calendrier julien. Les anciens Romains n'avaient su se faire un calendrier passable, et la plus grande confusion régnait dans leurs mois et leurs années. Jules César, 44 ans avant l'ère chrétienne, aidé de l'astronome égyptien Sosigène, institua un nouveau calendrier, qu'on appela de son nom Julien, et qui modifié un peu par Grégoire XIII nous sert encore. Croyant l'année tropique exactement de 365 jours un quart, il fixa l'année civile commune à 365 jours, et la partagea en 12 mois de 30 et de 31 jours, sauf celui de février, qu'il laissa de 28 jours par respect pour de vieux usages religieux. Puis, pour tenir compte du quart de jour dont l'année tropique surpasse l'année civile, il ordonna qu'une année sur quatre fût de 366 jours, et que le jour supplémentaire fût ajouté au mois de février, entre le 24 et le 25. Le 24 février s'appelait sextus calendas Martii, le 6e jour avant le premier mars; le jour supplémentaire s'appela bis sextus calendas martii: de là le nom de bissextile donné à l'année de 366 jours.

Si l'année julienne concordait à peu près avec l'année tropique, il n'y avait aucune concordance entre les mois et les lunaisons.

123. Réforme grégorienne. L'année julienne était donc de 365j,25, tandis que l'année tropique n'est que de 365j,2422; elle était donc trop longue de 0j,0078, ce qui fait environ 3 jours de trop en 400 ans, exactement 3j,12. Puisqu'on comptait plus de jours à l'année qu'il n'aurait fallu en compter, les années civiles retardaient donc peu à peu sur la marche des saisons, et cet écart se remarqua dans l'Eglise à propos de la fête de Pâques.

Le concile de Nicée, en 325, avait décrété que la fête de Pâques se célébrerait le dimanche qui suivrait la pleine lune tombant le 21 mars, ou un des premiers jours d'après. Cette date du 21 mars avait été adoptée comme date de l'équinoxe de printemps, qui cette année-là tombait le 21 mars ; les pères du concile avaient cru qu'il en serait toujours ainsi. Mais, à cause du retard des années civiles, au XVIe siècle, lorsqu'avait lieu l'équinoxe, on n'en était encore qu'au 11 mars. C'est pourquoi le pape Grégoire XIII, en 1582, réforma le calendrier julien, et en fit le calendrier grégorien.

Pour réparer les erreurs du passé, il supprima 10 jours de l'année courante, de sorte que le lendemain du 4 octobre fut le 15 ; et pour prévenir les erreurs dans l'avenir, il régla que sur 400 ans 3 années qui auraient été bissextiles d'après l'ancienne règle, ne le seraient pas. Les années non séculaires sont bissextiles, quand leur millésime est divisible par 4 ; et les années séculaires, quand le nombre des centaines d'années est divisible par 4. C'est ainsi que les années 1888, 1892, 1896 sont bissextiles, et les années intermédiaires ne le sont pas ; les années 1600 et 2000 le sont, les années 1700, 1800, 1900 ne le sont pas.

Avec ces dispositions la concordance de l'année civile avec l'année tropique n'est pas encore parfaite ; mais l'écart est très faible. L'année grégorienne est de $365^j,25 - \frac{3}{400}$ ou de $365^j,25 - 0^j,0075$, ou de $365^j,2425$. Comparée à l'année tropique de $365^j,2422$, elle est donc encore trop longue de $0^j,0003$; mais il faudra de trois à quatre cents ans pour faire une différence d'un jour. On avisera en temps opportun.

Le calendrier grégorien fut adopté d'abord par les nations catholiques, puis par les protestantes. Les Grecs et les Russes ont continué à se servir du calendrier julien, de sorte que toutes leurs dates sont maintenant de 12 jours en retard sur les nôtres. C'est pourquoi les dépêches venant de Russie portent souvent deux dates : la plus avancée est celle qui correspond à notre manière de compter.

124. Calendrier musulman. Dans le calendrier musulman, les mois suivent le cours de la lune, et sont presque toujours alternativement de 29 et de 30 jours ; ils commencent tous avec la nouvelle lune, ou plus exactement lorsque la lune commence à être

visible après la conjonction (92). Douze de ces mois forment une année qui est tantôt de 354, tantôt de 355 jours. Cette année civile dure donc 10 ou 11 jours de moins que l'année tropique, de sorte que, dans l'espace de 34 années tropiques, le commencement de l'année musulmane tombe dans toutes les saisons.

L'année musulmane est une année vague. On appelle en général année vague une année civile qui ne concorde pas avec l'année tropique, de sorte qu'elle commence successivement dans toutes les saisons.

125. Calendrier israélite. Les anciens Juifs avaient un calendrier luni-solaire. Leurs mois, de 29 et de 30 jours, commençaient avec la lunaison, et douze de ces mois faisaient une année de 354 jours environ. Le second jour de Pâques, on devait offrir dans le Temple une gerbe d'épis, comme prémices de la moisson. Lorsque pendant le mois précédent on prévoyait que la moisson ne serait pas mûre, on ajoutait un 13e mois à l'année qui finissait, et ainsi l'année civile était remise d'accord avec le cours des saisons.

Ce calendrier, perfectionné d'après les données astronomiques, sert encore aux Juifs pour leurs fêtes religieuses.

126. Calendrier grec. Les anciens Grecs ont eu pendant plusieurs siècles un calendrier analogue : des mois de 29 et de 30 jours pour suivre le cours de la lune, des années de 12 et de 13 mois pour suivre le cours du soleil. Un de leurs astronomes, l'athénien Méton, avait réglé les détails de ce calendrier d'après cette remarque faite par lui, que 19 années tropiques font sensiblement 235 lunaisons.

Livre quatrième.
Planètes et comètes.

Chapitre premier.
Les planètes en général, leur mouvement vrai.

---

127. Planètes selon les anciens. Les anciens appelaient planètes, c'est-à-dire, astres errants, des astres qui, semblables pour l'aspect aux étoiles, se déplacent à travers les constellations. Ils en comptaient cinq, Mercure, Vénus, Mars, Jupiter et Saturne: quoique le soleil et la lune se déplacent aussi à travers les constellations, généralement ils ne les rangeaient pas parmi les planètes.

Ces planètes brillent au ciel comme des étoiles; mais elles s'en distinguent principalement par leur mouvement propre sur la sphère: tandis que les étoiles gardent toujours leurs mêmes positions relatives, les planètes se déplacent par rapport aux étoiles, et font le tour du ciel en un temps plus ou moins long. Elles s'en distinguent encore en ce qu'elles ne scintillent pas comme les étoiles ou scintillent moins: les étoiles scintillent, c'est-à-dire que leur lumière change continuellement et très rapidement d'éclat et de couleur; celle des planètes au contraire est calme et uniforme. Elles s'en distinguent enfin en ce que vues au télescope elles offrent un diamètre sensible, tandis que les étoiles ne paraissent jamais que comme de simples points lumineux.

128. Planètes selon les modernes, le monde solaire. Les modernes ont reconnu que la terre, dont les anciens faisaient le centre du monde, devait être assimilée aux planètes; ils furent ainsi amenés à modifier l'idée qu'on se faisait des planètes, et à les définir, non plus d'après leur aspect et leur mouvement apparent, mais d'après le rôle qu'elles jouent dans l'univers et d'après leur mouvement réel. On appelle donc aujourd'hui planètes des astres

de second ordre, à peu près sphériques, d'une densité notable, qui circulent autour du soleil dans des orbites presque circulaires, et reçoivent de lui leur lumière et leur chaleur.

Outre la terre, les astronomes modernes ont ajouté à la liste des planètes des astres que les anciens ne connaissaient pas. Les planètes actuellement connues sont, dans l'ordre de leurs distances au soleil: Mercure, Vénus, la Terre, Mars; puis plusieurs centaines de petites; et enfin Jupiter, Saturne, Uranus, Neptune.

La plupart des planètes, les petites exceptées, sont accompagnées d'un ou de plusieurs satellites, astres de troisième ordre, qui circulent autour de leur planète comme la planète autour du soleil. La lune, par exemple, est le satellite de la terre.

Ainsi le soleil, avec les planètes et leurs satellites, avec les comètes dont il sera question plus loin, forme au sein du grand univers un petit monde à part, qu'on appelle le monde solaire. Dans ce monde-là, le soleil, centre du système, a une masse 700 fois plus grande que toutes les planètes et leurs satellites ensemble.

129. Loi de Bode. Les distances des planètes au soleil sont échelonnées selon une loi empirique très curieuse, mais approximative seulement, dite loi de Bode. Posons la série des termes

0 . 3 . 6 . 12 . 24 . 48 . 96 . 192,

qui, à l'exception du premier, forment une progression géométrique. Ajoutons 4 à chaque terme, et nous aurons

4 . 7 . 10 . 16 . 28 . 52 . 100 . 196.

Or il se trouve que ces nombres sont à peu près proportionnels aux distances au soleil de Mercure, Vénus, la Terre, Mars, des petites planètes, de Jupiter, Saturne, Uranus. Seulement Neptune est sensiblement moins loin que ne l'indiquerait la loi de Bode; car le terme suivant de la série serait 388, tandis que la distance de Neptune n'est que 300.

130. Lois de Képler. Le mouvement des planètes dans l'espace est régi par les trois lois de Képler.

1° Chaque planète décrit une ellipse dont le soleil occupe un des foyers.

2° Les aires décrites par le rayon vecteur qui va du centre du soleil au centre de la planète sont proportionnelles aux temps employés à les décrire.

3° Si l'on compare les planètes entre elles, les carrés des temps de leurs révolutions autour du soleil sont proportionnels aux cubes des grands axes de leurs orbites.

Nous avons déjà vu les deux premières lois, comme régissant le mouvement apparent du soleil autour de la terre (50, 52), ou le mouvement réel de la terre autour du soleil (53, 54): cela devait être, puisque la terre est une planète.

A propos de la première loi, nous ferons remarquer que les plans des orbites planétaires passent nécessairement par le centre du soleil, qu'ils sont à peu près fixes dans l'espace, et font avec l'écliptique des angles généralement très petits. De là vient que pour un observateur placé sur la terre les planètes projetées sur la sphère ne sortent jamais d'une zone assez étroite qui borde l'écliptique.

Ajoutons que les planètes parcourent leur orbite toutes dans le même sens, le sens direct; et que pour les principales planètes l'excentricité de l'orbite est très faible, quelques centièmes; on peut donc considérer ces orbites comme sensiblement circulaires; pour les petites l'excentricité est un peu plus forte, 1 à 2 dixièmes.

De la troisième loi on conclut que la vitesse moyenne d'une planète sur son orbite est d'autant plus faible, que sa distance moyenne au soleil, mesurée par le demi grand axe de l'orbite, est plus grande. Supposons que les grands axes des orbites de deux planètes soient entre eux comme les nombres 1 et 2; leurs orbites sont dans le même rapport; si leurs vitesses étaient égales, les durées de leurs révolutions seraient aussi comme les nombres 1 et 2; les carrés des temps seraient comme les nombres 1 et 4; or d'après la 3e loi ils sont comme les nombres 1 et 8: la planète la plus éloignée va donc moins vite.

Les lois de Kepler régissent de même le mouvement des satellites autour de leurs planètes (95).

Chapitre second

Mouvements apparents des planètes.

131. Planètes inférieures et supérieures. Au point de vue des apparences, il faut distinguer les planètes inférieures et les supérieures. Les premières sont celles qui sont plus rapprochées que nous du soleil : ce sont Mercure et Vénus ; les secondes en sont plus éloignées : ce sont Mars, Jupiter, Saturne, Uranus, Neptune. Etudions d'abord les planètes inférieures, et prenons pour exemple Vénus.

132. Mouvements apparents de Vénus par rapport au soleil. Soit le soleil en S (Fig. 51) : supposons les orbites de Vénus et de la terre circulaires et situées dans le même plan : supposons que les deux planètes se meuvent dessus d'un mouvement uniforme, avec une vitesse égale à leur vitesse moyenne, 5767" par jour pour Vénus, 3548" pour la terre : ces suppositions s'écartent peu de la réalité.

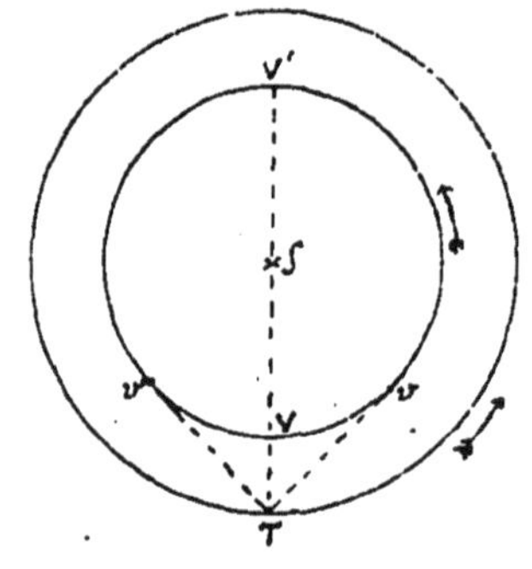

Fig. 51.

Si nous voulons d'abord nous rendre compte du mouvement apparent de Vénus par rapport au soleil pour un observateur placé sur la terre, tout se passe comme si, le soleil restant en S et la terre en T, Vénus se mouvait sur son orbite avec une vitesse égale à la différence des deux vitesses, 2219" par jour.

On voit d'abord que Vénus ne pourra jamais être en opposition avec le soleil ; mais il y a deux conjonctions, l'une en V, qu'on appelle inférieure, l'autre en V' qu'on appelle supérieure.

Elle ne peut pas s'écarter beaucoup du soleil : la plus grande élongation a lieu quand le rayon visuel qui va de la terre à Vénus est tangent à l'orbite de Vénus, comme dans les positions v et v' ; ce maximum d'élongation, déterminé par le rapport des rayons des deux orbites, est de 46° environ pour Vénus.

La planète semble osciller de part et d'autre du soleil, allant tantôt de l'est à l'ouest sur l'arc v'Vv, tantôt de l'ouest à l'est sur l'arc vVv'. Vénus est à l'ouest du soleil sur l'arc VvV' : alors dans le mouvement diurne de la sphère elle précède le soleil, et on la voit le matin à l'est avant le lever du soleil. Elle est à l'est du soleil sur l'arc V'v'V ; alors elle suit le soleil, et on la voit le soir à l'ouest après le coucher du soleil.

On appelle révolution synodique le temps qui s'écoule entre deux conjonctions inférieures : ce temps s'obtient pour Vénus en divisant 360° par 2219" : il est de 584 jours.

133. <u>Aspects divers de Vénus</u>. Pendant ce temps la distance de Vénus à la terre varie beaucoup, comme le montre la figure 52. De ces variations dans la distance résultent des variations inversement proportionnelles dans le diamètre apparent.

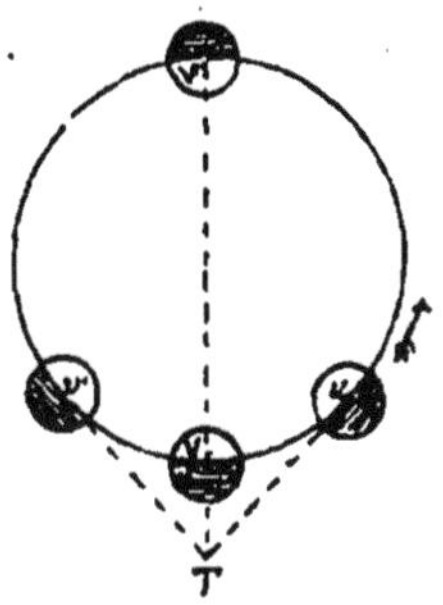

Fig. 52

Dans la même période Vénus nous présente des phases semblables à celles de la lune. A la conjonction inférieure, Vénus tourne vers nous son hémisphère obscur, elle disparaît donc à nos yeux ; mais, à de rares intervalles, quand à la conjonction elle se trouve sur l'écliptique ou tout près, nous la voyons passer sur le soleil comme un petit disque noir dans le sens de l'est à l'ouest. A la conjonction supérieure il est impossible encore de la voir, parce qu'elle se trouve derrière le soleil ; mais dans les environs on la voit à peu près comme un cercle brillant. Lors de ses plus grandes digressions nous la voyons sous forme d'un demi-cercle. La figure 53 représente le disque apparent de Vénus sur l'arc VvV' avec ses phases et ses variations de diamètre.

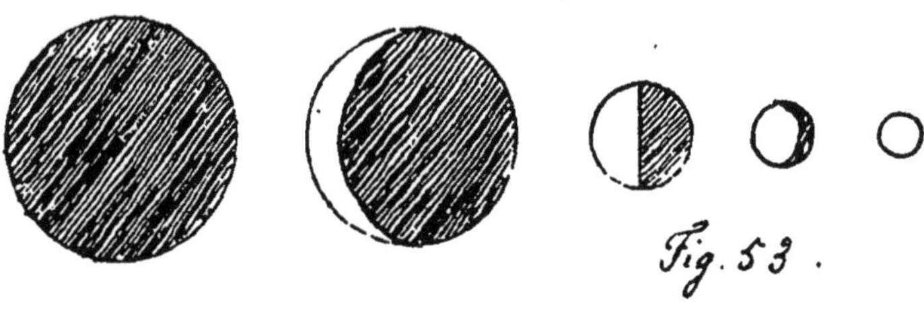

Fig. 53.

Les apparences sont inverses sur l'arc V'v'V (Fig. 52)

Il faut une lunette pour distinguer ces variations ; car à l'œil nu la planète brille toujours comme un simple point lumineux, et on ne peut remarquer que des différences d'éclat. C'est quand elle est le plus loin du soleil, en v et v' ou à peu près, qu'elle a son plus grand éclat.

134. Mouvements apparents de Vénus sur la sphère. Par rapport aux étoiles, le mouvement de Vénus sur la sphère est tantôt direct, tantôt rétrograde.

A la conjonction supérieure il est direct. Car en un temps donné Vénus a parcouru l'arc VV_1', tandis que la terre a parcouru l'arc TT_1 (Fig. 54). De la terre on voyait Vénus dans la direction TV', maintenant on la voit dans la direction T_1V_1' ; si du point T_1 on mène T_1A parallèle à TV', l'angle AT_1V_1' est l'angle dont la planète s'est avancée vers l'est, dans le sens direct.

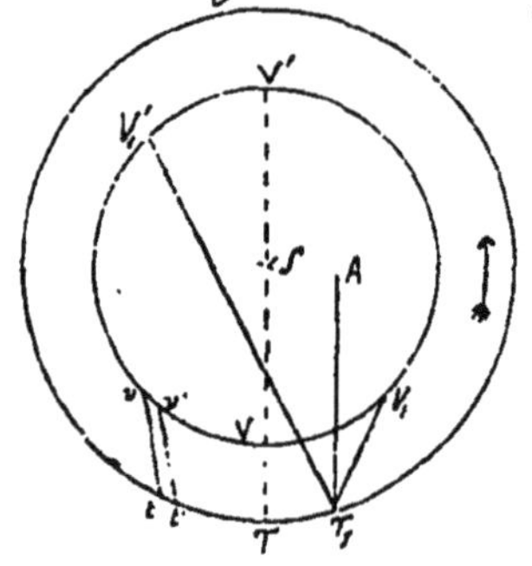

Fig. 54

A la conjonction inférieure le mouvement est rétrograde. Car, pendant que la terre a parcouru l'arc TT_1, Vénus a parcouru un arc plus grand VV_1 : l'angle AT_1V_1 est l'angle dont elle s'est avancée vers l'ouest, dans le sens rétrograde.

Quand il passe du sens direct au sens rétrograde, ou réciproquement, son mouvement en longitude est nul pendant quelque temps : c'est ce qu'on appelle les stations de la planète. Ces stations ont lieu entre la plus grande élongation et la conjonction inférieure, quand la différence d'obliquité des arcs décrits en même temps par la terre et Vénus compense la différence de leur grandeur, de sorte que la ligne qui réunit les deux astres reste sensiblement parallèle à elle-même, par exemple tv et t'v'.

En somme cependant son mouvement sur la sphère est direct, et en moyenne elle fait le tour du ciel d'occident en orient dans l'espace d'un an. En effet, comme l'orbite de la terre englobe celle de Vénus, le mouvement de la planète sur son orbite n'a d'autre effet pour nous que de la faire osciller de part et d'autre du soleil; en moyenne elle suit le soleil, et semble parcourir comme lui en un an l'écliptique. La trace de son passage dans le ciel se compose d'arcs alternativement directs et rétrogrades, l'arc direct valant environ 600°, le rétrograde 20°.

La figure 55 représente d'après Delaunay l'arc décrit par Vénus du 27 septembre 1850 au 7 mars 1851.

Fig. 55

135. <u>Mouvements apparents de Jupiter par rapport au soleil.</u> Dans cette seconde partie du chapitre, nous prenons Jupiter comme type des planètes supérieures.

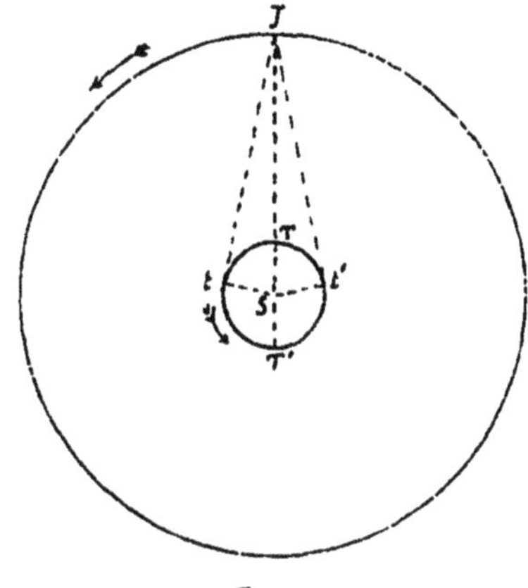

Fig. 56.

Soient donc le soleil en S (Fig. 56), la terre en T et Jupiter en J, décrivant leur orbite autour du soleil dans le même sens. Supposons ces orbites circulaires, contenues dans le même plan, et les vitesses uniformes, ce qui s'écarte peu de la réalité.

Les positions relatives des trois astres sont les mêmes que si Jupiter étant immobile en J, la terre décrivait son orbite avec une vitesse angulaire égale à la différence des vitesses des deux planètes. Cette fois c'est la terre que nous faisons marcher, parce que c'est elle qui a la vitesse la plus grande.

Du point J menons les tangentes Jt et Jt' à l'orbite terrestre. Quand la terre est en T Jupiter est en opposition avec le soleil; quand elle est en T', il est en conjonction; quand elle est en t et t', il est en quadrature; dans le cours d'une révolution complète, l'angle JtS, formé par les rayons visuels qui vont de la terre au soleil et à Jupiter, passe par toutes les grandeurs.

La révolution synodique de Jupiter dure un peu plus d'un an; elle est mesurée par le temps que mettrait la terre à décrire son orbite avec la vitesse fictive que nous avons supposée plus haut, vitesse un peu plus faible que la vitesse réelle.

136. Changements d'aspect. Dans le cours d'une révolution synodique, la distance d'une planète supérieure change périodiquement, comme le montre la figure 56. De là résultent des variations inversement proportionnelles dans le diamètre apparent, variations qui sont très sensibles pour Mars, qui le sont de moins en moins à mesure qu'on regarde une planète plus éloignée. C'est au moment de l'opposition que le diamètre apparent est le plus grand, et que la planète a son plus grand éclat: c'est aussi à cette époque qu'elle est visible pendant toute la nuit: c'est alors qu'elle se prête le mieux aux observations.

En tout temps une planète supérieure tourne vers nous tout ou presque tout son hémisphère éclairé: ses phases sont donc peu sensibles.

137. Mouvements apparents de Jupiter sur la sphère. Par rapport aux étoiles, le mouvement de Jupiter projeté sur la sphère est tantôt direct, tantôt rétrograde.

A la conjonction il est direct. Car en un temps donné Jupiter a parcouru l'arc JJ_1 (Fig. 57), tandis que la terre a parcouru l'arc TT_1: de la terre on voyait Jupiter dans la direction TJ, on le voit maintenant dans la direction T_1J_1: si du point T_1 on mène T_1A parallèle à TJ, l'angle AT_1J_1 est l'angle dont la planète s'est avancée vers l'est, dans le sens direct.

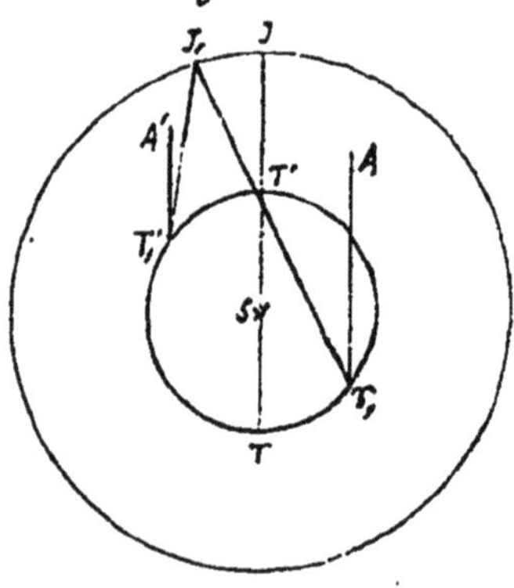

Fig. 57.

A l'opposition le mouvement est rétrograde. Car pendant que Jupiter a parcouru l'arc JJ_1, la terre en a parcouru un plus grand $T'T'_1$; et si l'on mène T'_1A' parallèle à $T'J$, l'angle $A'T'_1J_1$ est l'angle dont la planète s'est avancée vers l'ouest, dans le sens rétrograde.

Quand il passe du sens direct au sens rétrograde ou réciproquement, le mouvement en longitude est nul pendant quelque temps : c'est ce qu'on appelle les stations de la planète.

En somme son mouvement sur la sphère est direct, et en moyenne la planète fait le tour du ciel de l'ouest à l'est dans le temps qu'elle met à tourner autour du soleil, 12 ans environ. En effet, comme l'orbite de la terre est enveloppée par celle de Jupiter, le mouvement annuel de la terre n'a d'autre effet sur Jupiter que de le faire osciller un peu de part et d'autre de la position qu'il aurait, s'il était vu du soleil. En moyenne il tourne donc autour de la terre comme autour du soleil.

La trace de son passage sur la sphère se compose d'arcs alternativement directs et rétrogrades, l'arc direct valant 42° environ, le rétrograde 10°.

Chapitre troisième.

Les planètes en particulier.

---

138. Division des planètes en trois groupes. Les planètes se divisent en trois groupes, qui se distinguent l'un de l'autre par un ensemble de caractères : ce sont les moyennes, les petites, et les grosses planètes.

Les moyennes, Mercure, Vénus, la Terre et Mars, sont aussi les plus rapprochées du soleil. Elles n'ont pas, ou ont peu de satellites ; leur sol est dense, accidenté de montagnes, coupé par des mers ; elles ont une atmosphère limpide, dans laquelle flottent des nuages ; la durée de leur jour est à peu près la même.

Les petites, au nombre de plusieurs centaines, sont dispersées entre Mars et Jupiter, décrivant des orbites plus excentriques, et plus inclinées sur l'écliptique que celles des autres planètes.

Les grosses, Jupiter, Saturne, Uranus et Neptune, sont les plus éloignées du soleil. Elles sont riches en satellites; leur densité moyenne est très faible; leur atmosphère est épaisse, opaque, composée autrement que la nôtre, sillonnée de bandes obscures et variables, parallèles à l'équateur: elles tournent sur elles-mêmes deux fois plus vite que la terre, du moins on le constate pour Jupiter et Saturne.

139. Éléments des principales planètes.

Planètes	Rayon	Masse	Distance moyenne au soleil	Durée de la révolution sidérale	Durée de la rotation
Mercure	0,373	0,061	0,387	87j,969	24h 0m 50s
Vénus	0,999	0,787	0,723	224j,70	23h 21m 22s
La Terre	1	1	1	365j,256	23h 56m 4s
Mars	0,528	0,105	1,523	1an,322j	24h 37m 23s
Jupiter	11,061	308,99	5,203	11a,315j	9h 55m 37s
Saturne	9,299	91,919	9,539	29a,167j	10h 14m 24s
Uranus	3,863	13,518	19,183	84a,7j	..
Neptune	3,798	22,530	30,055	164a,280j	..

140. Détails sur les planètes. Mercure est la plus petite des planètes moyennes. Elle est aussi la plus rapprochée du soleil, et à surface égale elle en reçoit en moyenne 6 fois et demie plus de chaleur que la terre. Le voisinage du soleil fait aussi qu'elle est difficile à observer, au moins dans nos climats brumeux.

Vénus est cet astre si connu sous les noms d'Étoile du matin et d'Étoile du soir, qui brille d'un éclat incomparable tantôt le matin à l'est, tantôt le soir à l'ouest. C'est la planète qui ressemble le plus à la terre; la plus grande différence est dans le régime des saisons; le plan de son équateur faisant avec le plan de son orbite un angle de 75°, les saisons y sont plus accentuées que chez nous; sur Vénus il n'y a pas de zone tempérée, et même la zone glaciale et la zone torride empiètent l'une sur l'autre (64).

A la conjonction inférieure on voit quelquefois Vénus passer sur le disque du soleil comme un petit cercle noir allant de l'est à l'ouest (133). Elle a passé ainsi en 1761 et 1769, puis en 1874 et

1882 : le premier passage aura lieu en 2004. Ces passages ont une importance capitale en astronomie, car ils fournissent le moyen le plus sûr et le plus exact de déterminer la parallaxe du soleil, ou sa distance à la terre (75).

La Terre est pour Mercure et Vénus une planète supérieure, et elle leur paraît se mouvoir comme Mars et Jupiter nous paraissent à nous-mêmes. Pour Mars, Jupiter, Saturne, etc, la Terre est une planète inférieure, qu'ils voient osciller autour du soleil comme nous voyons Vénus. C'est de Vénus, au moment où les deux astres sont le plus rapprochés l'un de l'autre (Fig. 51), que la Terre est le plus belle à voir : dans ces circonstances elle doit briller d'un éclat supérieur à celui que Vénus a pour nous. La Terre avec sa lune ouvre la série des planètes munies de satellites.

Mars vu à l'œil nu paraît être une belle étoile rouge ; quand on le regarde au télescope, surtout à l'époque de l'opposition, il laisse voir mieux que toute autre planète les détails de sa surface. On y aperçoit des régions rougeâtres, et des régions d'un bleu sombre ; on croit que les premières sont des continents, et les secondes des mers. Les continents occupent sur Mars à peu près moitié de la surface ; les mers y affectent souvent la forme de longs canaux ; mers et continents y sont fort enchevêtrés. Aux deux pôles sont deux taches blanches qui augmentent et diminuent tour à tour ; chacune d'elles augmente pendant l'hiver de l'hémisphère où elle se trouve, elle diminue pendant l'été : ce sont probablement deux calottes de glace. Mars a deux satellites très petits, qui n'ont été découverts qu'en 1877. Le plus rapproché de la planète fait sa révolution sidérale en 7h 39m 15s, plus vite que la planète ne tourne sur elle-même.

Entre l'orbite de Mars et celle de Jupiter il y a un intervalle de 136 millions de lieues, peuplé d'un grand nombre de très petites planètes. Les 4 premières, Cérès, Pallas, Junon et Vesta, furent découvertes de 1801 à 1807 ; une 5e fut trouvée en 1845, et depuis lors on en découvre plusieurs chaque année ; en juin 1890 on en était à la 293e. Une seule, Vesta, est visible à l'œil nu, et ne paraît qu'une très petite étoile ; on croit que la masse de toutes ces planètes, connues et inconnues, ne forme pas le tiers de la Terre :

Jupiter est la plus grosse de toutes les planètes. C'est à cause de cette grosseur qu'à l'opposition il rivalise d'éclat avec Vénus malgré son grand éloignement. Il a quatre satellites qui s'éclipsent presque à chacune de leurs révolutions : ces éclipses, visibles de la terre, ont servi à Rœmer, vers 1675, à déterminer pour la première fois la vitesse de la lumière.

Saturne brille à l'œil nu comme une étoile de première grandeur. Vu au télescope il offre un spectacle unique : un vaste anneau, plat, fluide, se décomposant même en trois anneaux, entoure la planète sans la toucher. Outre son anneau Saturne a huit satellites.

Uranus paraît à l'œil nu une étoile de 6e grandeur : aussi, avant d'être reconnu pour une planète, avait-il été inscrit plusieurs fois comme étoile dans des catalogues. C'est Herschell qui reconnut le premier en 1781 que cet astre se déplace dans le ciel, et Laplace démontra en 1783 qu'il se meut comme une planète dans une orbite elliptique. Ce fut la première planète ajoutée par l'astronomie moderne à celles des anciens. Uranus a quatre satellites.

Neptune est invisible à l'œil nu, et sa découverte est due au calcul. Depuis qu'on observait Uranus, son mouvement était affecté de perturbations qu'on ne pouvait pas expliquer par l'influence des planètes connues jusque-là, et on soupçonnait qu'elles étaient causées par une planète plus éloignée, encore inconnue. Leverrier se demanda quelle devait être la position dans le ciel d'une planète capable de produire ces perturbations ; il résolut ce problème, et le 23 septembre 1846, Galle, astronome de Berlin, trouvait Neptune à la place assignée par Leverrier.

Neptune a un satellite, dont le mouvement est rétrograde ; celui des satellites d'Uranus est rétrograde aussi ; et c'est là une exception très remarquable ; car dans notre monde solaire tous les mouvements des planètes et des satellites se font dans le sens direct.

Avec Neptune finit le monde solaire, du moins le monde connu.

Chapitre quatrième.
Systèmes astronomiques.

---

141. Système des huit sphères. Les anciens, qui regardaient le ciel et les astres comme des dieux, croyaient qu'on ne peut leur attribuer rien que de parfait; ils croyaient d'ailleurs que le mouvement le plus parfait est le mouvement circulaire et uniforme: d'où la conclusion que les astres ne peuvent avoir qu'un mouvement circulaire et uniforme. De plus ils ne concevaient pas qu'un astre pût se tenir ou se mouvoir sans être porté par quelque chose: ils se croyaient obligés de placer les astres sur des sphères qui tournaient et les emportaient dans leur mouvement. Ils avaient imaginé huit sphères, concentriques à la terre: la première portait la lune, les suivantes portaient Mercure, Vénus, le Soleil, Jupiter et Saturne, la dernière portait les étoiles; les sept premières étaient transparentes, la dernière opaque: la dernière tournait d'orient en occident, entraînant avec elle les sphères inférieures; mais celles-ci, outre ce mouvement général, avaient un mouvement propre en sens inverse, beaucoup plus lent et un peu oblique.

On peut voir cette théorie exposée dans le célèbre Songe de Scipion, et, plus ou moins modifiée, elle a régné jusqu'à la fin du moyen âge. Cependant elle ne rend compte des apparences que quand on ne regarde pas de trop près au mouvement des astres. Si l'on veut préciser, on voit que le mouvement du soleil et de la lune est inégal, que celui des planètes est non seulement inégal, mais alternatif: pour expliquer ces anomalies, les astronomes durent ajouter à la machine primitive de nouveaux rouages: le système modifié s'appelle système de Ptolémée, parce que c'est Ptolémée qui lui a donné sa forme définitive.

142. Système de Ptolémée. Dans ce système on place encore la terre immobile au centre du monde; on fait tourner les astres autour d'elle sur des sphères ou des cercles matériels d'un mouvement

uniforme, et on explique les anomalies apparentes par des excentriques ou des épicycles.

Les astronomes avaient constaté que le soleil décrit en un jour un arc plus grand sur l'écliptique en hiver qu'en été (52). Partant de là, ils supposaient que le soleil décrit un cercle excentrique, c'est-à-dire un cercle dont le centre O (Fig. 58) est à une certaine distance de la terre T. Dans cette hypothèse un mouvement uniforme du soleil doit paraître, vu de la terre, plus rapide dans la région A que dans la région B. Pour expliquer la différence constatée dans les vitesses apparentes, ils avaient dû attribuer à l'excentricité, c'est-à-dire, au rapport $\frac{OT}{OA}$ la valeur de $\frac{1}{30}$. Nous avons vu (51) que l'excentricité de l'orbite elliptique n'est réellement que de $\frac{1}{60}$.

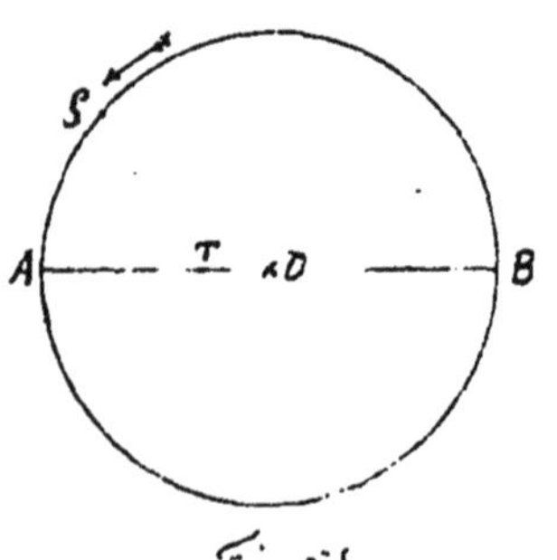

Fig. 58

Ou bien ils supposaient que le soleil se meut sur un cercle dont le centre O (Fig. 59) se meut sur un autre cercle ayant la terre pour centre: le cercle dont le centre se meut ainsi s'appelle un épicycle, le cercle sur lequel il se meut s'appelle un déférent. Ils supposaient en outre que le soleil se meut sur l'épicycle de telle sorte que le rayon OS reste toujours parallèle à lui-même. Dans cette hypothèse le soleil décrit encore en réalité un cercle O' excentrique à la terre.

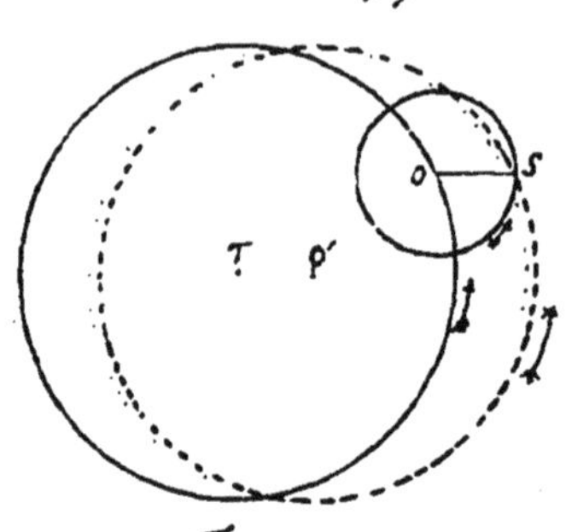

Fig. 59.

Les mêmes hypothèses avaient été faites pour la lune.

Pour les planètes ils n'avaient recours qu'à l'épicycle. Ils supposaient que la planète se meut sur un épicycle dont le centre se meut sur un déférent ayant la terre pour centre; mais le mouvement était différent selon qu'il s'agissait des planètes que nous appelons inférieures ou des supérieures. Pour Vénus, par exemple, le centre O de l'épicycle (Fig. 60) devait toujours se trouver sur la droite TS qui joint la terre au soleil. Pour Mars, c'était la planète qui se mouvait sur son épicycle de telle façon que le rayon OM qui va à la planète fût toujours parallèle à la droite TS qui va de la terre au soleil.

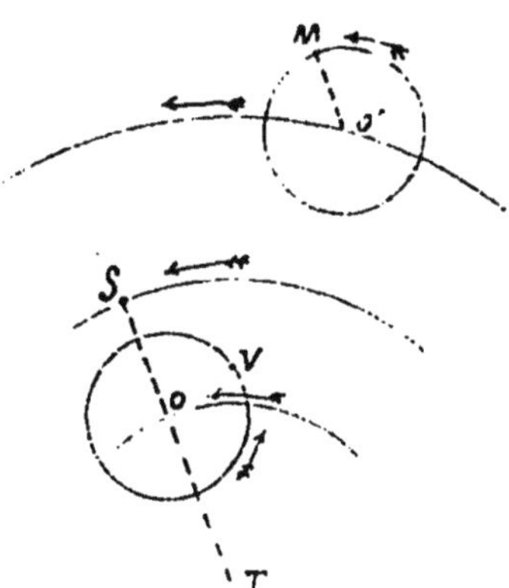

Fig. 60

Cet ensemble d'hypothèses explique assez bien les mouvements des astres en question sur la sphère. Cependant il ne les explique encore qu'à peu près. Déjà les astronomes anciens avaient reconnu que le mouvement de la lune et celui de Mercure avaient encore des inégalités que l'hypothèse première n'explique pas; et ils avaient ajouté un épicycle à l'excentrique ou au premier épicycle; par exemple ils faisaient mouvoir l'astre sur un épicycle dont le centre se mouvait lui-même sur un épicycle. Chaque fois que des observations plus précises faisaient découvrir une nouvelle inégalité, on ajoutait un nouvel épicycle.

Ce système était trop compliqué, trop factice pour être vrai.

143. Système de Copernic. Cependant les pythagoriciens avaient une conception plus vraie de l'univers. Copernic, chanoine de Thorn (1473-1543), recueillit les débris de leur doctrine épars dans les ouvrages anciens, et il eut la gloire d'en faire un système, dont les principes essentiels sont la base de l'astronomie moderne.

Copernic place le soleil au centre du monde, et il fait tourner autour de lui, dans le même sens, d'occident en orient, toutes les planètes, y compris la terre, échelonnées dans cet ordre : Mercure, Vénus, la Terre, Mars, Jupiter, Saturne ; la lune tourne seule autour de la Terre, d'occident en orient ; enfin la Terre tourne sur elle-même en un jour d'occident en orient.

Le mouvement de rotation de la terre d'occident en orient explique le mouvement diurne apparent de la sphère d'orient en occident ; le mouvement de translation de la terre autour du soleil explique le mouvement apparent du soleil sur l'écliptique ; le mouvement simultané de la terre et des planètes autour du soleil explique les anomalies principales du mouvement apparent des planètes sur la sphère.

Cependant Copernic croyait encore avec les anciens que les astres ne peuvent se mouvoir que d'un mouvement circulaire et uniforme: aussi quand il fallait en venir aux détails des mouvements des astres, son hypothèse, telle que nous venons de la formuler, était insuffisante, et il était obligé de la compliquer comme les anciens d'excentriques et d'épicycles. Cette complication et d'autres encore diminuaient beaucoup le mérite d'un système, qui se présentait seulement comme un moyen plus simple d'expliquer les mouvements apparents, et ne valait que par là; il n'était alors appuyé sur aucune des expériences ou observations précises, sur aucun des principes de mécanique par lesquels on en démontre aujourd'hui les points fondamentaux. C'est pourquoi ce système, vrai pour le fond, eut tant de peine à prévaloir.

Le système de Copernic ne fut débarrassé de ses dernières complications, et sa vérité n'apparut avec évidence que quand Képler (1571-1630) eut découvert les trois lois qui portent son nom (130).

144. Newton, la gravitation universelle. A Newton (1642-1727) était réservée la gloire de tirer des lois de Képler le principe fondamental de l'astronomie mathématique, la loi de la gravitation universelle, qu'on peut formuler ainsi: Tous les corps situés dans l'espace se portent les uns vers les autres, comme s'ils s'attiraient en raison directe de leurs masses, en raison inverse du carré des distances. La pesanteur n'est qu'un cas particulier de la gravitation.

Les lois de Képler sont des conséquences de ce principe, et Newton sut remonter des conséquences au principe, et redescendre du principe aux conséquences. Par exemple il a démontré qu'un mobile animé d'une vitesse initiale, et sollicité vers un point fixe par une force inversement proportionnelle au carré de la distance, doit décrire une section conique dont le point fixe est le foyer. Selon la grandeur des forces mises en jeu, il décrira donc une ellipse, ou une parabole, ou une hyperbole.

Du reste ce cas très simple d'un astre gravitant vers un autre astre immobile, sans être sollicité par d'autres forces, n'existe pas dans la nature, parce que, tous les astres s'attirant mutuellement, chacun d'eux est influencé par tous les autres.

Il est certain que tout se passe comme si les corps s'attiraient : mais on ne sait pas si les corps s'attirent réellement : on ne conçoit même pas comment deux corps peuvent agir à distance l'un sur l'autre. Mais s'il n'y a pas de vraie attraction, quelle est l'action différente produisant les mêmes effets que l'attraction ? On ne sait.

Chapitre cinquième
Comètes et étoiles filantes

---

145. <u>Notion des comètes</u>. Les comètes sont des astres d'une classe spéciale, qui apparaissent dans le ciel sous forme d'une tache blanchâtre, plus ou moins grande, plus ou moins brillante, de forme irrégulière, et qui, après être restés visibles quelques jours ou quelques mois, disparaissent pour un temps très long.

Une comète complète se compose de trois parties : le noyau, masse sphérique plus condensée et plus brillante que le reste ; la chevelure, enveloppe plus pâle qui entoure le noyau ; et la queue, traînée lumineuse d'une grande longueur, d'une forme variable, dirigée à l'inverse du soleil, et dont l'éclat diminue rapidement à partir du noyau.

Il y a de grandes et de petites comètes. Il y en a dont le noyau projette une vive lumière, et dont la queue s'étend jusqu'à 20 millions de lieues ; celle de 1680 avait une queue de 90° ; mais il y en a des milliers qui ne sont visibles qu'au télescope. La plupart de ces petites comètes n'ont pas de queue ; quelques-unes même n'ont pas de noyau, et consistent en une simple nébulosité, un peu plus condensée vers le centre, et incertaine vers les bords.

Les comètes ont une masse excessivement faible relativement à leur volume : la matière y est disséminée à un degré incomparable.

Leur lumière est en grande partie de la lumière solaire réfléchie ; cependant elles ont aussi une faible lumière propre, qui a permis de reconnaître leur nature par l'analyse spectrale. C'est un amas de poussières solides, avec un gaz analogue à notre gaz d'éclairage, ou du moins avec les éléments qui peuvent former ce gaz ; la queue est purement gazeuse.

146. Mouvement des comètes. Tandis que toutes les planètes se meuvent dans le même sens, et dans des plans très peu inclinés les uns sur les autres, qu'elles décrivent des orbites presque circulaires, les comètes se meuvent dans le sens direct ou rétrograde, dans des plans qui font avec l'écliptique un angle quelconque, et elles décrivent autour du soleil comme foyer des ellipses excessivement allongées. Elles obéissent du reste comme les planètes aux lois de Képler. Chacune d'elles n'est visible que dans la portion de son orbite voisine du périhélie ; et comme l'ellipse est très allongée, la portion visible de l'orbite diffère ordinairement très peu d'un arc de parabole. On sait que la parabole est la limite vers laquelle tend une ellipse à mesure que la distance des foyers augmente.

147. Comètes périodiques. Une comète périodique est une comète qui reparaît à des intervalles fixes. Si toutes les comètes, comme on le croit, décrivent des ellipses, elles sont toutes périodiques ; mais on appelle plus particulièrement comètes périodiques celles dont le retour a été constaté d'une manière certaine.

Il n'y en a encore que 13 dont le retour ait été observé. La plus célèbre est celle de Halley ; c'est la plus belle d'entre elles, c'est aussi la première dont le retour ait été prédit ; sa période est de 76 ans ; elle reparaîtra en mars 1912. Celles d'Olbers et de Pons ont des périodes de 72 et de 71 ans, celle de Tuttle a une période de 14 ans, neuf autres ont une période comprise entre 5 et 8 ans, celle d'Encke a une période de 3 ans 1/3.

On reconnaît l'identité d'une comète non pas à sa forme qui varie d'une fois à l'autre, mais aux éléments de son orbite. Quand une comète apparaît, on détermine à trois reprises différentes la position sur la sphère du centre de son noyau, et on en déduit les éléments de son orbite supposée parabolique : on compare ces éléments à ceux des comètes observées antérieurement, et s'ils sont les mêmes que ceux d'une comète précédente, ils appartiennent probablement à une même comète périodique.

Quelquefois une comète reste assez longtemps visible, pour qu'on puisse faire plus de trois observations à des intervalles notables, déterminer les éléments de son orbite considérée comme elliptique, calculer l'excentricité de l'ellipse et la longueur du grand axe, assigner d'après la 3ᵉ loi de Kepler la durée de la révolution, et prédire le retour de la comète à telle date. La plupart des comètes dont on a ainsi déterminé la révolution, ont une période présumée très longue, qui va pour plusieurs à des milliers d'années.

148. Perturbations causées par les planètes. Quand par hasard une comète passe près d'une grosse planète, l'attraction de la planète modifie toujours plus ou moins l'orbite de la comète. Soit par exemple une comète s'éloignant du soleil, et devant décrire l'ellipse ABCD (Fig. 61) : si par hasard elle passe près de Jupiter J, il peut se faire que Jupiter la force à décrire autour de lui comme foyer un arc d'ellipse BC', et la renvoie ainsi plus tôt vers le soleil ; le grand axe de l'orbite sera raccourci pour toujours.

Fig. 61.

De fait il y a quatre groupes de comètes qui s'éloignent du soleil à peu près à la distance de Jupiter, de Saturne, d'Uranus et de Neptune : cette coïncidence ne peut être fortuite : l'orbite primitive de ces comètes a dû être modifiée un jour de cette manière. Deux autres groupes s'accordent à s'éloigner du soleil à deux autres distances plus grandes : c'est peut-être qu'il y a encore deux grosses planètes au-delà de Neptune. Les comètes à courte période ne sont probablement telles, que parce qu'un jour leur orbite a été ainsi raccourcie par quelque planète.

149. Orbites communes à plusieurs comètes. On connaît aussi

des groupes de comètes qui circulent par deux et trois à peu près sur la même orbite, à une certaine distance l'une de l'autre. Ce sont sans doute des fragments d'une comète morcelée : si une comète se divise en deux parties, dont l'une soit un peu plus rapprochée du soleil, celle-ci prendra une vitesse un peu plus grande, et avec le temps elle pourra gagner sur l'autre une avance considérable.

On connaît aussi des comètes dont l'orbite est à peu près celle d'un essaim d'étoiles filantes. Nous reviendrons plus loin sur cette coïncidence.

150. Action destructive du soleil. Quand une comète apparaît au loin, elle est ronde (Fig 62) ; en s'approchant du soleil, elle s'allonge vers lui et à l'opposé ; bientôt l'astre fuse par ses deux bouts ; puis on voit se former une queue opposée au soleil, et un peu recourbée en arrière, mais toujours dans le plan de l'orbite : elle atteint ordinairement son plus grand développement un peu après le passage au périhélie ; puis, à mesure que la comète s'éloigne, la queue diminue, elle disparaît, la comète redevient ronde, et cesse elle-même d'être visible.

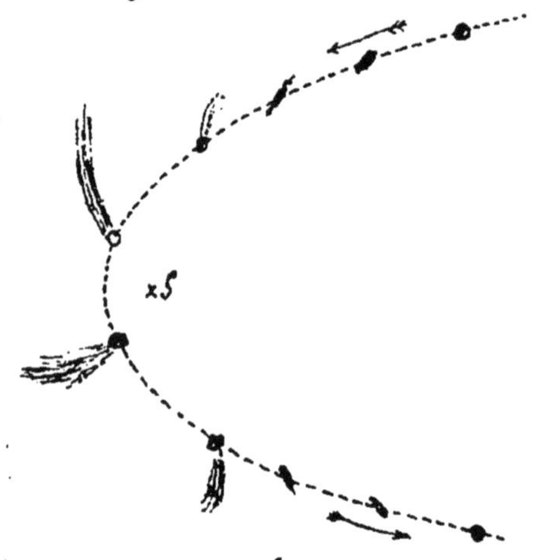

Fig. 62

Ces transformations sont dues évidemment au soleil. Quand la comète s'allonge, c'est un effet analogue à la marée (114), mais plus intense que les marées qui se produisent sur terre. Quand l'astre fuse par ses deux bouts, c'est que la marée dans les couches superficielles est devenue plus forte que la pesanteur cométaire, et des matériaux se détachent de la comète pour n'y plus retourner. Les débris solides continuent à circuler à peu près comme la comète, les uns un peu en dedans de l'orbite primitive, les autres un peu en dehors ; les premiers vont un peu plus vite, les autres un peu plus lentement ; grâce à cette différence de vitesse, ils se disséminent tout le long de l'orbite, et y forment comme une procession de corpuscules. Quant aux gaz détachés de la comète, ils se dilatent dans le vide, et quand ils sont assez dilatés, le soleil, par une action encore mal expliquée, les repousse comme s'il souffait dessus; ces gâz repoussés forment la queue, qui se renouvelle sans cesse par son origine, tandis qu'elle se dissipe par son extrémité, comme le panache de fumée d'une locomotive. Ainsi la comète se désagrège peu à peu, chaque fois qu'elle passe au périhélie.

C'est sans doute par une action analogue du soleil que des comètes se sont dédoublées, et ont formé chacune une ou deux comètes qui ont continué à circuler à peu près sur la même orbite (149). De nos jours on a vu un phénomène de ce genre. La comète périodique, dite de Biéla, s'est dédoublée en 1846; elle est revenue double en 1852, et depuis on ne l'a pas revue: elle est sans doute complètement désagrégée.

151. Origine des comètes. Il y a eu parmi les astronomes deux opinions sur l'origine des comètes. D'après les uns, les comètes sont des astres étrangers à notre système solaire, qui, voyageant dans l'espace, passent par hasard à proximité du soleil, sont attirés par lui, et entrent dans notre système en décrivant suivant les cas une ellipse ou une hyperbole; si leur orbite est une ellipse, elles se trouvent attachées à notre système; si c'est une hyperbole, elles sortent de notre système pour n'y plus rentrer. D'après les autres, les comètes font partie de notre système au même titre que les planètes; leurs orbites sont toujours des ellipses, et si souvent elles paraissent être des paraboles, c'est à cause de leur grande excentricité, et de la petitesse de l'arc observé; jamais du reste on n'a pu observer une hyperbole nettement caractérisée. Cette seconde opinion est aujourd'hui communément adoptée.

152. Etoiles filantes. Les étoiles filantes sont des traits de feu qu'on voit quelquefois la nuit sillonner le ciel. Ce ne sont pas des étoiles qui se déplacent: ce sont de petits corps solides, étrangers à la terre, et voyageants dans l'espace, qui rencontrent notre globe, pénètrent dans l'atmosphère et s'y enflamment par le frottement. Il y a chaque année à dates fixes certaines nuits plus

riches en étoiles filantes, celle du 10 août, celle du 13 novembre, celles du 27 au 29 novembre. Quand il y en a beaucoup dans une nuit, on remarque qu'elles semblent partir toutes d'un même point du ciel, qu'on appelle le point radiant. On croit que chaque essaim d'étoiles filantes forme dans l'espace un courant continu circulant autour du soleil sur une orbite qui coupe celle de la terre; chaque année, au même jour, quand la terre arrive au point où son orbite est coupée par celle d'un courant, elle traverse cette poussière, et l'on a une pluie d'étoiles filantes.

On a déterminé l'orbite parabolique des courants principaux que nous rencontrons, et l'on a trouvé que chacune d'elles coïncide avec celle d'une comète. Il est probable que ces courants de corpuscules sont des débris solides détachés de la comète par la marée solaire (150). La comète de Biéla, qui a fini de nos jours de se désagréger, est celle qui nous donne les étoiles filantes des 27, 28 et 29 novembre.

153. Bolides et aérolithes. Les bolides sont des étoiles filantes plus grosses que les autres; ils présentent à l'œil nu un disque appréciable; quelques-uns illuminent l'atmosphère comme un éclair; quelques-uns éclatent comme un obus.

Les aérolithes sont des pierres tombées du ciel; ils ont été sans doute des bolides en traversant l'atmosphère. Ils ne contiennent pas d'autres éléments que ceux que nous connaissons sur la terre; ils sont formés de fer pur ou oxydé, de sodium, de nickel, et d'autres métaux.

Livre cinquième.

L'Univers.

Chapitre premier.

Les étoiles et les nébuleuses.

---

154. Étoiles télescopiques. Les étoiles visibles à l'œil nu, et réparties en 6 grandeurs (11), ne sont pas les seules qui existent ; le télescope permet d'en voir beaucoup d'autres, et à mesure qu'on a construit des instruments plus puissants, on a vu des étoiles de plus en plus petites, pour lesquelles il a fallu créer des classes nouvelles. Herschell avec son grand télescope a été jusqu'à la 16e grandeur ; aujourd'hui avec le télescope de lord Rosse on va plus loin encore.

155. Distance des étoiles. On a essayé de mesurer la distance des étoiles à la terre en prenant pour base d'opérations le diamètre de l'orbite terrestre. Soit une étoile A, et la terre occupant à six mois d'intervalle les positions T et T' (Fig. 63), ces positions étant choisies de telle sorte que TT' soit perpendiculaire à AS. On appelle parallaxe annuelle de l'étoile l'angle SAT, l'angle sous lequel on verrait de l'étoile le rayon ST de l'orbite terrestre. Si cet angle était de 1", en représentant par d la distance de l'étoile, et par R le rayon ST, on aurait $\frac{2\pi d}{360 \times 60 \times 60} = R$,

d'où l'on tire $d = \frac{360 \times 60 \times 60\, R}{2\pi}$ ou $d > 200000\, R$.

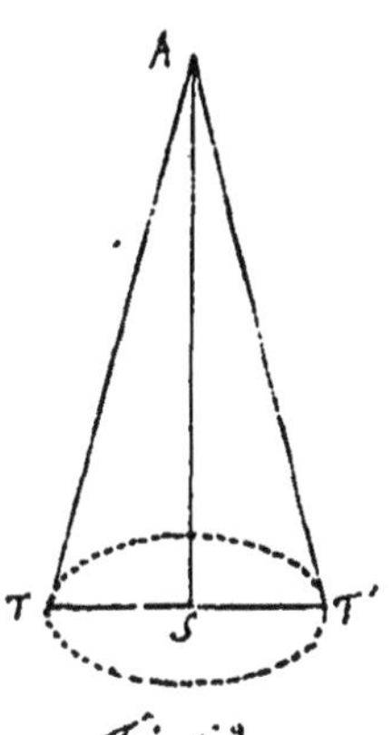

Fig. 63.

Cette distance serait telle qu'il faudrait à la lumière, qui fait 75000 lieues par seconde, plus de 3 ans pour la franchir. Or on n'a trouvé aucune étoile dont la parallaxe atteignît cette valeur de 1" ; la parallaxe est généralement si petite qu'elle échappe à toute mesure ; pour certaines étoiles seulement, placées dans des conditions particulièrement favorables, on a trouvé des parallaxes de quelques dixièmes de seconde. Voici quelques résultats approximatifs.

Notre plus proche voisine paraît être α du Centaure, étoile de l'hémisphère austral, dont la lumière nous vient en 4 ans. Bessel, et après lui les astronomes de Poulkowa, ont déterminé avec beaucoup de précision la parallaxe d'une petite étoile du Cygne, la 61e: sa lumière nous vient en 9 ans. Celle de Wéga nous vient en 14 ans, celle de Sirius en 16 ans, celle d'Arcturus en 26 ans, celle de la Polaire en 35 ans.

Quant aux étoiles dont on n'a pas pu mesurer directement la distance, on l'évalue par comparaison. Les mesures directes montrent que les étoiles de première grandeur sont à une distance telle que leur lumière met en moyenne plus de dix ans pour nous venir. Or trois méthodes différentes ont permis d'établir une échelle de distance entre les étoiles selon la classe à laquelle elles appartiennent. Celles de la 6e grandeur sont en moyenne 9 fois plus éloignées que celles de la 1re; celles de la 10e 53 fois; celles de la 16e 756 fois.

Si notre soleil était porté à la distance de Sirius, il serait pour nous une très petite étoile. Les étoiles sont donc des soleils, dont beaucoup sont plus puissants que le nôtre.

156. <u>Distribution des étoiles par groupes</u>. Beaucoup d'étoiles sont distribuées dans l'espace par groupes.

Il y a d'abord les étoiles doubles: là où l'œil nu ne voit qu'une étoile, armé d'une lunette il en voit deux très rapprochées. Ces deux étoiles tournent l'une autour de l'autre; et comme souvent l'une d'elles est beaucoup plus grosse et plus chaude, c'est comme un soleil avec une planète encore incandescente. Il y a des centaines de groupes semblables bien constatés; il y a même des étoiles triples et quadruples.

Il y a ensuite des amas sphériques, dans lesquels les étoiles se pressent par centaines et par milliers; à l'œil nu ou avec une lunette médiocre on ne voit qu'une tache blanchâtre; avec une lunette puissante on distingue les étoiles: ce sont des nébuleuses résolubles.

Il y a des groupes irréguliers, comme les Pléïades, les Hyades.

Enfin tous ces groupes et les étoiles isolées se réunissent en un vaste ensemble, dont la forme est dessinée par la Voie lactée.

157. La voie lactée. La voie lactée est une bande blanchâtre, qui fait le tour du ciel. Ses contours sont assez mal définis, et dans la constellation du Cygne elle se bifurque en deux branches qui se réunissent près du pôle sud.

La blancheur est due à une multitude d'étoiles semées dans cette zone du ciel; l'œil ne les distingue pas, le télescope seul les sépare. Tout près de cette bande les étoiles sont encore très nombreuses; mais à mesure qu'on s'en éloigne, elles sont de moins en moins nombreuses; et dans les régions du ciel qui sont comme les pôles de la voie lactée, les étoiles sont très rares.

On conclut de là que toutes les étoiles, notre soleil compris, forment un immense groupe, dont la forme générale est celle d'un disque plat. Soit AB une section de ce disque (Fig. 64): le soleil est placé quelque part comme en S, plus près de la face ACB que de la face ADB, plus près du bord A que du bord B. Quand nous regardons dans le sens de l'épaisseur, suivant SC ou SD, nous voyons peu d'étoiles; nous en voyons de plus en plus à mesure que nous regardons suivant SE, SF, SG; dans le sens du diamètre, suivant SA ou SB, nous en voyons tant que les plus éloignées ne forment pour l'œil qu'un nuage lumineux.

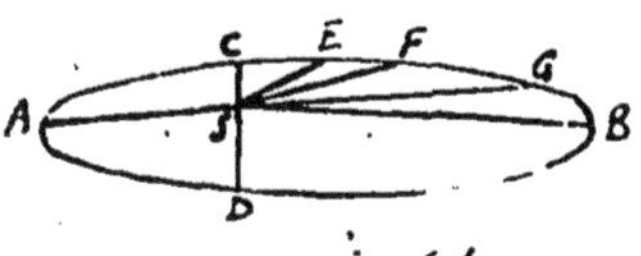

ig. 64.

Dans les constellations de l'Aigle et du Sagittaire, représentées par le bord B, les télescopes les plus forts sont impuissants à montrer les dernières étoiles; la voie lactée y paraît comme une fine poussière d'étoiles sur un fond blanc.

158. Nombre des étoiles. A mesure qu'on passe d'une grandeur à l'autre, si l'éclat des étoiles diminue dans le rapport de 5 à 2 (11), le nombre augmente à peu près dans le rapport inverse de 2 à 5: ainsi il y a 20 étoiles de la première grandeur, 65 de la 2e, 190 de la 3e, ... 3200 de la 6e. Toutes les étoiles visibles à l'œil nu, allant de la 1re à la 6e grandeur, sont au nombre de 5000 environ; Herschell, qui voyait jusqu'à la 16e grandeur, estimait à 20 millions les étoiles visibles dans son télescope; actuellement le télescope de lord Rosse en montrerait probablement 30 millions d'une manière distincte.

159. Mouvements des étoiles. Les étoiles se meuvent. D'abord celles qui sont groupées deux à deux tournent l'une autour de l'autre, en décrivant selon les lois de Kepler des ellipses généralement très allongées.

Même les étoiles isolées se meuvent. En effet, les positions de plusieurs sur la sphère changent lentement, par exemple de 2", 3", 4" par an: ce sont les plus rapprochées de nous qui se déplacent le plus. Ces mouvements sur la sphère se font dans tous les sens; mais il y a un mouvement qui prédomine: les étoiles situées dans la constellation d'Hercule et tout autour semblent s'écarter; celles qui sont situées dans la région opposée semblent se rapprocher. On en conclut que les mouvements apparents des étoiles viennent de deux causes: d'un mouvement réel de beaucoup d'étoiles, qui se meuvent indépendamment les unes des autres, et d'un mouvement de notre propre monde solaire vers Hercule; le soleil nous emporte, ainsi que les autres planètes et les comètes, vers ce point du ciel, avec une vitesse estimée à 30 km par seconde.

160. Etat physique des étoiles. Les étoiles, étudiées au spectroscope, se divisent en trois classes, les bleues, les jaunes, et les rouges.

Les premières, qu'on appelle aussi étoiles blanches, ont un spectre continu, où dominent le bleu et le violet, interrompu seulement, ou peu s'en faut, par les quatre raies noires de l'hydrogène, mais celles-ci très larges. Ce sont les étoiles les plus chaudes; elles ont une photosphère, et une atmosphère très épaisse composée presque uniquement d'hydrogène. Cette classe comprend un peu plus de la moitié des étoiles, entre autres Sirius, Wéga, Altaïr, Régulus, Rigel.

Les secondes ont un spectre semblable à celui du soleil, ruban lumineux, coupé par des raies noires, fines, serrées, nombreuses, placées aux mêmes endroits. Elles ont donc même composition chimique que notre soleil, et sont dans le même état: autrement dit, notre soleil est une étoile de cette classe. Dans leur spectre c'est la partie jaune qui domine: ce qui indique une température moins élevée que dans les bleues. Un tiers des étoiles appartient à cette classe, entre autres la Chèvre, Pollux, Arcturus, Procyon.

Les troisièmes ont un spectre où domine le rouge, un spectre semblable à celui que donne la lumière des taches solaires. Ce sont des sociels fort refroidis déjà, couverts de taches nombreuses ou très larges. Cette classe comprend $\frac{1}{20}$ des étoiles, entre autres Bételgeuse, Antarès, α d'Hercule.

161. Étoiles variables et temporaires. Les catalogues mentionnent environ 400 étoiles dont l'éclat varie plus ou moins ; la plupart sont des étoiles rouges, et on peut attribuer leurs variations d'éclat aux variations de leurs taches.

Il y a aussi des étoiles temporaires, qu'on voit s'allumer et disparaître. Ce sont plutôt des étoiles habituellement très petites, qui prennent tout à coup un éclat extraordinaire, et retombent vite à leur premier état. C'est ainsi qu'en 1866 une étoile de 9e grandeur s'est élevée subitement à la 3e, pour retomber bientôt à la 9e. Ce sont peut-être des étoiles en voie d'extinction, qui s'encroûtent déjà, mais dont la croûte s'effondre quelquefois.

Enfin beaucoup d'étoiles, mentionnées dans les anciens catalogues, ne se retrouvent plus : elles sont définitivement éteintes.

162. Nébuleuses. On appelle nébuleuses des taches blanchâtres et lumineuses qu'on aperçoit dans le ciel. La Voie lactée en est une grande, visible à l'œil nu ; il y en a encore quelques petites visibles à l'œil nu, celle d'Andromède, la Crèche dans le Cancer, l'amas de Persée ; il y en a des milliers que le télescope découvre.

Étudiées au spectroscope, les nébuleuses se divisent en deux classes. Les unes ont un spectre semblable à celui des étoiles ; ce sont donc des amas de vraies étoiles ; aussi avec des lunettes puissantes parvient-on à décomposer en étoiles la plupart d'entre elles : on les appelle nébuleuses résolubles (156). Les autres ont un spectre purement gazeux. ce sont des masses de gaz incandescent, et principalement d'hydrogène ; si quelquefois on y voit quelque point plus brillant qui ressemble à une étoile, ce point lui-même est aussi purement gazeux. il n'y a pas là les éléments d'une photosphère, comme dans notre soleil et les vraies étoiles : ce sont les nébuleuses proprement dites.

La plus belle des nébuleuses gazeuses est celle d'Orion ; considérée seulement dans sa partie la plus brillante, elle occupe sur la sphère une étendue comparable à celle du disque solaire. Si on la suppose placée à la distance moyenne des étoiles de première grandeur, son diamètre doit être 800 000 fois plus grand que celui du soleil.

Chapitre second
Cosmogonie.

---

163. Cosmogonie de Laplace. La théorie cosmogonique qui a été le plus en faveur jusqu'à nos jours est celle de Laplace.

Laplace se proposait d'expliquer l'origine du monde solaire; il supposait qu'à une époque lointaine toute la matière qui devait constituer le soleil avec les planètes et leurs satellites, ne formait qu'une masse sphérique, tournant sur elle-même dans le sens direct, si chaude et si dilatée par sa chaleur, qu'elle s'étendait au-delà de l'orbite de la dernière planète. Peu à peu cette chaleur se dissipa par le rayonnement, et le volume de la masse diminua. La vitesse angulaire de rotation dut s'accélérer selon la loi des aires, et bientôt, dans la couche superficielle équatoriale, la force centrifuge devint égale à la pesanteur; alors cette couche cessa de suivre le mouvement de concentration de la masse inférieure, et forma un anneau autour du noyau central. Avec le temps cet anneau fluide s'aggloméra en une sphère, qui continua à circuler autour du centre, le lieu occupé par l'anneau devenant l'orbite de la nouvelle sphère. Cette sphère fut une planète. Plusieurs fois le même phénomène se reproduisit, et ainsi les planètes se formèrent successivement, en commençant par les plus extérieures.

Laplace supposait que chaque anneau tournait tout d'une pièce; que par suite du frottement toutes les parties avaient fini par prendre la même vitesse angulaire, comme dans notre atmosphère. Les parties extérieures de l'anneau avaient donc une vitesse linéaire plus grande que les intérieures; et de cette différence de vitesse linéaire il résulta, lorsque toutes les parties s'agglomérèrent, un mouvement de rotation directe.

Puis les mêmes causes qui avaient détaché du soleil un anneau destiné à former une planète, détachèrent de la planète un ou plusieurs anneaux, qui formèrent des satellites circulant dans le sens direct.

164. Défauts de cette théorie. Cette théorie, qui du temps de Laplace satisfaisait à presque toutes les données de la science, a été infirmée depuis par la découverte de certains faits : la circulation rétrograde des satellites d'Uranus et de Neptune ; la circulation des anneaux de Saturne selon les lois de Képler, et non tout d'une pièce, comme le croyait Laplace : la révolution d'un satellite de Mars s'effectuant en moins de temps que la rotation de la planète. Cette théorie a encore le tort de supposer, au lieu d'expliquer, l'incandescence et la rotation de la masse centrale ; de ne pouvoir s'appliquer aux systèmes stellaires différents du nôtre ; de faire des comètes des astres étrangers à notre monde.

Ces défauts ont obligé de chercher une autre théorie : M. Faye en a trouvé une plus large, mieux en harmonie avec les faits.

165. Cosmogonie de M. Faye. Vue d'ensemble. L'univers comprend des millions de soleils, dont l'incandescence a évidemment la même origine, et ne peut s'expliquer que par la condensation de leurs éléments. Chaque soleil s'est donc formé aux dépens d'un vaste amas de matière cosmique. La plupart d'entre eux sont blancs ou légèrement jaunes ; ils sont donc à peu près dans la même période d'activité, ils sont du même âge ; il est à croire qu'ils se sont formés tous aux dépens d'une seule masse, qui se sera divisée en lambeaux par l'effet de mouvements différents dont ses éléments étaient animés dès l'origine.

La science ne peut pas remonter plus haut ; il faut qu'elle demande à un Dieu créateur cette matière ainsi disséminée ; car aucune force naturelle ne peut expliquer ni la production, ni la dissémination de la matière.

166. Formation du soleil. Considérons un de ces lambeaux chaotiques, celui qui devait former notre soleil ; supposons-le homogène et sphérique, et supposons que son rayon s'étendît alors

dix fois plus loin que la distance du soleil à Neptune. Dans cette hypothèse la densité est si faible, qu'il n'y a que 5 grammes de matière dans un km cube. Une masse ainsi disséminée et sans chaleur ne ressemble pas du tout aux masses fluides que nous connaissons, et dont les parties pèsent les unes sur les autres; là chaque petit amas peut se mouvoir comme dans le vide indépendamment des autres. Dans cette masse homogène et sphérique chaque élément est attiré vers le centre, et sous l'empire de cette force attractive il devrait aller en ligne droite vers le centre, le dépasser, y revenir, le dépasser encore, et ainsi indéfiniment; mais pour peu qu'il ait été dévié une fois par un choc, il décrit une ellipse excessivement allongée ayant son centre au centre même de la masse. Il arrive nécessairement que ces corpuscules, passant tous si près du centre, s'y rencontrent, s'y arrêtent, et s'y agglomèrent peu à peu; ces chocs transforment en chaleur la plus grande partie de la force vive des éléments, le noyau devient incandescent, devient un soleil.

167. Variations de la force centripète. Dans cette masse en voie de s'agglomérer, la force centripète varie d'allure selon l'état plus ou moins avancé de la condensation. Au début, lorsque le centre n'a pas plus de matière que les autres parties, la force centripète est proportionnelle à la distance au centre: son effet est de faire décrire aux éléments des ellipses dont le centre est au centre de la masse, avec une vitesse telle que toutes les révolutions durent le même temps. A la fin, lorsque toute ou presque toute la masse est condensée au centre, la force centripète est inversement proportionnelle au carré de la distance au centre: son effet sur les éléments non encore agglomérés est de les faire circuler selon les lois de Képler.

168. Formation des comètes. Dans notre système solaire: $\frac{1}{750}$ environ de la masse totale a échappé à l'absorption centrale, et a formé d'une part les comètes, d'autre part les planètes avec leurs satellites.

Les comètes viennent sans doute de petites masses, qui auront été plus déviées dans leur marche vers le centre, et se seront mises à décrire des ellipses moins aplaties. Passant plus loin du centre, elles auront eu moins de chances d'être arrêtées dans cette région par la rencontre d'autres corps ; de fait elles n'y ont pas été arrêtées ; et plus tard, quand la masse centrale est devenue prépondérante, elles ont continué leur mouvement dans le même plan et dans le même sens qu'à l'origine, avec cette seule différence que le soleil est devenu un des foyers de leur ellipse, au lieu d'en rester le centre. Comme ces masses venaient de toutes les directions, il en résulte que les comètes circulent actuellement dans tous les plans, dans le sens direct ou rétrograde.

169. Formation des planètes. On sait que notre système tout entier se meut dans l'espace et se dirige actuellement vers la constellation d'Hercule (89). Ce mouvement de translation devait exister dès l'origine. Or quand une masse fluide se meut dans un sens déterminé, il est presque inévitable que des mouvements gyratoires se produisent dans son sein ; il suffit pour cela que deux courants parallèles, reliés par une attraction si faible qu'elle soit, marchent avec des vitesses un peu différentes. On peut donc admettre que, dans la masse fluide qui devait former notre système, une partie des éléments était animée d'un mouvement gyratoire très lent, mais très vaste et dans le même sens. La plupart des éléments animés de ce mouvement gyratoire ont subi le sort commun ; ils sont allés se réunir au centre, et ils ont communiqué au noyau central un mouvement de rotation dans le sens de la gyration. Mais parmi eux il a dû s'en trouver dont la vitesse gyratoire était telle, que la force centrifuge développée par la gyration faisait équilibre, ou à peu près, à la force centripète ; ceux-là ont dû tourner en cercle autour du centre, et former de vastes anneaux plats, fluides, qui se rapprochèrent du centre et accélérèrent leur mouvement, à mesure que la masse centrale augmenta. Dans chacun de ces anneaux, les éléments qui cheminaient toujours côte à côte ont dû céder à leur attraction mutuelle, de sorte que l'anneau s'est avec le temps aggloméré en un amas sphérique, qui a continué à circuler autour du centre comme l'anneau lui-même.

Puis les mêmes phénomènes se sont reproduits en petit dans cet amas partiel : au centre, par une condensation progressive, s'est formée une planète, d'abord incandescente, mais bientôt refroidie ; des mouvements gyratoires dans la masse ont formé des anneaux, qui en s'agglomérant sont devenus des satellites. Un seul cas s'est trouvé, où des anneaux ne se sont pas agglomérés : c'est celui des anneaux de Saturne, qui sont restés circulaires et fluides, comme pour nous donner un échantillon de ce qui s'est passé ailleurs.

Cette condensation des anneaux a exigé un temps très long, qui se compte sans doute par milliers de siècles ; il a fallu d'autant plus de temps, que l'anneau était plus vaste : ce sont donc les anneaux les plus rapprochés du centre qui ont achevé le plus tôt leur travail de condensation.

170. Sens des mouvements dans le système solaire. Les planètes inférieures se sont formées les premières. Or au début, lorsque le centre était vide ou à peu près, la révolution de tous les éléments se faisait dans le même temps, chaque anneau tournait tout d'une pièce comme un cerceau. Les parties extérieures de l'anneau avaient donc des vitesses linéaires plus grandes que les parties intérieures. Quand elles se sont réunies, de l'excès de vitesse des parties extérieures sur les intérieures il a dû résulter un mouvement de rotation de l'amas dans le sens de la translation : directe a été la rotation de la planète, directe la translation des anneaux secondaires et plus tard des satellites. Toutes les planètes jusqu'à Saturne inclusivement étant dans ce cas, c'est une preuve qu'elles se sont formées avant que le noyau central fût prépondérant ; on peut dire qu'elles sont plus vieilles que le soleil.

Plus tard, lorsque le noyau central eut presque tout absorbé, le mouvement a dû se faire selon les lois de Kepler, et dans les anneaux qui restaient encore, les parties extérieures allaient moins vite que les intérieures. Il en est résulté que quand ces anneaux se sont agglomérés, le mouvement de rotation de l'amas a été inverse du mouvement de translation : rétrograde a été la rotation de la planète, rétrograde la translation des anneaux secondaires et plus tard des satellites. Le satellite de Neptune tourne dans un sens nettement rétrograde : c'est une preuve que Neptune s'est formé à une époque où le soleil avait déjà absorbé la plus grande partie de la masse primitive. Ceux d'Uranus se meuvent dans le sens rétrograde, mais dans des plans presque perpendiculaires à l'orbite de la planète : Uranus s'est donc formé à une époque de transition ; il y a eu lutte entre les deux tendances, le mouvement d'abord direct a fini par être rétrograde.

171. Systèmes différents du nôtre. Il est probable que beaucoup d'autres systèmes stellaires se sont organisés comme le nôtre. Cependant tous les mondes ne sont pas jetés dans le même moule, témoin les systèmes d'étoiles multiples, les nébuleuses résolubles, les nébuleuses gazeuses. Il suffirait de modifier un peu les hypothèses sur l'état original de la masse, pour expliquer ces résultats différents.

172. Rôle de la Providence. L'univers s'est donc constitué tel qu'il est, sous l'empire des lois de la mécanique, par l'action de la gravitation universelle et des propriétés particulières de chaque atome de matière ; son état actuel, et les grands phénomènes qui se déroulent encore sous nos yeux dans l'univers, sont la conséquence nécessaire de ces lois, de ces forces, et de la position respective des éléments matériels lors de leur création.

Cette théorie ne diminue pas le rôle de la Providence dans l'organisation et le gouvernement du monde ; car c'est Dieu qui a préparé les effets dans leurs causes : il ne se produit rien dans l'ordre physique, dont Dieu n'ait posé la cause ; et Dieu n'a posé aucune cause, dont il n'ait prévu et voulu les dernières conséquences.

173. Accord de cette théorie avec la Genèse et la géologie. Cette théorie dans ses grandes lignes est d'accord avec la Genèse. In principio, dit le texte sacré, creavit Deus cœlum et terram. En effet tous les matériaux qui devaient composer l'univers ont été d'abord créés en une seule masse : l'organisation n'est venue qu'après. Terra autem erat inanis et vacua, et tenebrae erant super faciem abyssi. C'est bien là l'image de ce chaos sans chaleur, sans lumière, où la matière était disséminée à un degré inimaginable.

Dixitque Deus : Fiat lux, et facta est lux. L'apparition de la lumière, l'incandescence des noyaux qui se formaient au centre des lambeaux chaotiques est un des premiers faits saillants dans l'œuvre d'organisation.

D'après la Bible, la terre traversa de longues périodes avant la formation du soleil et des étoiles. D'abord astre incandescent, la terre s'était refroidie assez pour que son écorce permît à une partie des eaux de séjourner à sa surface, tandis que le reste demeurait dans l'atmosphère à l'état de vapeur; le refroidissement continuant, sa croûte s'était plissée, les eaux liquides s'étaient réunies dans les dépressions, et avaient laissé à nu les parties exhaussées; le sol s'était couvert d'une végétation abondante : alors seulement, au 4e jour, Dieu fit le soleil et les étoiles.

Dans la théorie nouvelle, la terre est en effet plus vieille que le soleil : elle s'est formée à une époque où il n'y avait encore presque rien au centre du monde (170)

Cette assertion est confirmée par le rapprochement suivant. Vu la manière dont le soleil s'est formé, il n'a pu acquérir qu'une quantité de chaleur limitée, une quantité égale à 15 millions de fois environ celle qu'il rayonne actuellement en un an; puisqu'il en a encore une énorme provision, le rayonnement actuel ne se fait donc pas depuis 15 millions d'années, le soleil dans sa forme actuelle est loin d'avoir cet âge. Or les géologues les plus modérés estiment à 20 millions d'années le temps qu'il a fallu pour former les terrains primaires, secondaires et tertiaires; si l'on ajoute à cela la période d'incandescence, la durée des premières phases de refroidissement, l'âge quaternaire, on voit que la terre a été faite longtemps avant le soleil.

Dans les temps primitifs jusque vers le milieu de l'époque secondaire, il n'y avait sur la terre ni saisons ni climats : la température était partout celle des régions tropicales, avec une lumière très faible : cela est prouvé par l'étude de la flore et de la faune de ces temps. La chaleur paraît avoir été fournie surtout par le noyau terrestre encore très chaud, dont la chaleur passait facilement à travers une croûte relativement mince : la clarté était fournie par les matériaux qui convergeaient vers le centre du système, et formaient dans cette région centrale un amas très vaste, mais peu dense, et faiblement lumineux.

Les étoiles furent faites d'après la Bible le même jour que le soleil :

L'étude de leur lumière révèle en effet que tous les soleils sont à peu près du même âge (165).

Chapitre troisième.
Pluralité des mondes.

La terre est-elle le seul astre portant des êtres vivants? Il faut étudier d'abord la question de possibilité, ensuite celle de fait.

174. Question de possibilité. Pour qu'un astre soit propre à nourrir des êtres vivants, il faut un certain nombre de conditions. Il faut un astre éteint, mais soumis à l'influence d'un soleil qui l'éclaire et y maintienne une température convenable et à peu près constante; il faut un sol ferme, composé d'éléments convenables, avec des liquides et une atmosphère convenables; il faut en particulier que l'astre puisse fournir aux êtres vivants du carbone, de l'hydrogène, de l'oxygène et de l'azote; car la chimie nous apprend que ce sont là les éléments principaux et nécessaires des substances organiques, et les lois de la chimie doivent être les mêmes partout. Comme la plupart de ces conditions sont indépendantes les unes des autres, leur réunion doit être assez rare. Ainsi dans notre système, ni le soleil, ni la lune, ni les comètes ne sont habitables; les petites planètes sont trop petites; Mercure est trop chaud; les grosses planètes sont trop froides, trop peu condensées, ont une atmosphère trop opaque; seuls avec la terre Mars et Vénus ont peut-être ce qu'il faut, et encore n'est-ce pas sûr. Le but providentiel des astres est sans doute de fournir un lieu propre au développement de la vie, mais peu d'astres réussissent à le fournir; de même que le but des milliers de graines produites chaque année par un arbre est de germer et de se développer en arbres, et que néanmoins la plupart des graines ne germent pas ou périssent peu après la germination, faute de trouver un milieu favorable. Il est probable cependant que le but providentiel a été atteint pour les astres plus d'une fois, et ailleurs que sur la terre.

Nous admettrons donc comme possible et probable qu'il y a d'autres mondes habitables que notre globe.

175. Question de fait. Les astres habitables sont-ils habités ? On ne peut alléguer rien de sérieux pour prouver qu'ils ne le sont pas ; on ne peut pas non plus démontrer rigoureusement qu'ils le sont ; mais tout porte à croire qu'ils le sont.

Sur la terre la vie déborde de toutes parts, elle se développe partout où elle trouve un milieu favorable : on ne voit pas pourquoi Dieu, si prodigue de la vie sur la terre, en aurait été avare ailleurs.

Ce que Dieu se propose surtout dans la création, c'est de se manifester à des créatures intelligentes, et de les faire participer à son bonheur ; le monde matériel ne peut être fait que pour le monde des âmes. Si donc un astre peut recevoir des êtres vivants et intelligents, le dessein général de la création semble exiger que Dieu y en mette.

Si Dieu a créé ailleurs d'autres races que la race humaine, quelle destinée leur a-t-il faite, et par quels moyens les conduit-il à leur fin ? nous n'en savons rien, et n'avons besoin d'en rien savoir. Deux choses seulement sont certaines : c'est que d'une part toute créature intelligente doit connaître, aimer et servir son créateur ; d'autre part Dieu est juste et bon pour tous les êtres qu'il a tirés du néant.

Table des matières.

www.ingramcontent.com/pod-product-compliance
Ingram Content Group UK Ltd.
Pitfield, Milton Keynes, MK11 3LW, UK
UKHW022112190726
13855UKWH00002B/816